Geometrie

Geometrie

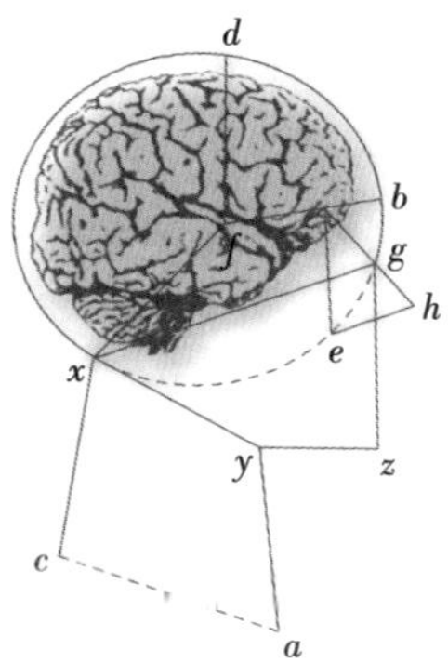

„Kluge Formen für kluge Menschen"

Von π bis Pythagoras

Mike Askew
und Sheila Ebbutt

Librero

Titel der Originalausgabe: *The Bedside Book of Geometry*

Layout von Lindsey Johns

Aus dem Englischen übersetzt von
iMport/Export, Emden

Redaktion der deutschsprachigen Ausgabe
Wolfgang Volk, Berlin (S. 1-89, 174-176),
iMport/eXport, Emden

Satz und Koordination der deutschsprachigen Ausgabe
iMport/eXport, Emden

Printed in China

ISBN: 978-90-8998-667-2

INHALT

GEOMETRIE: EINE EINFÜHRUNG

In der Mathematik wird häufig zwischen diskreter und kontinuierlicher Mathematik unterschieden. Die diskrete Mathematik ist das Studium der Mengen, die abgezählt werden können, wie zum Beispiel Schafe oder Fußballfans. Menschen machen schon jahrhundertelang Gebrauch von diskreter Mathematik und der früheste Beweis dafür ist der Ishango-Knochen, der als Zählstock gebraucht wurde. Nicht alle Phänomene können abgezählt werden. Messen ist die Kunst, Dinge, die nicht gezählt werden können, zählbar zu machen. Die Wurzeln der Geometrie sind in die Messkunde, die flächenhaften oder räumlichen Gebilden Größenwerte zuordnet, eingebettet.

Frühe Zivilisationen hatten zweifellos ihre eigenen Methoden, kontinuierliche Quantitäten wie Olivenöl oder Wein für den Handel zu messen, aber der Ursprung des Wortes Geometrie liegt bei den Bauern des Nildeltas. Das alljährliche Hochwasser des Nils spülte jedes Mal die Grenzmarkierungen des Landbaugrunds weg. Wege mussten entwickelt werden, um die Grenzen markieren und rekonstruieren zu können. So entwickelte sich die Geometrie – griechisch für „das Messen der Erde".

Der Vater der Geometrie

Wenn Menschen nach berühmten griechischen Mathematikern gefragt werden, dann nennen sie Pythagoras und manchmal auch Euklid, der von vielen als der Vater der Geometrie angesehen wird. Dieser Titel steht allerdings eher Thales von Milet zu (640-546 v. Chr.), der schon dreihundert Jahre vor Euklid die Messkunde studierte. Es sind keine Schriften von Thales bewahrt geblieben, aber es sind viele Geschichten überliefert. So habe er eine Methode entwickelt, die Höhe der Pyramide von Cheops, die rund 2600 v. Chr. gebaut wurde, zu berechnen. Es ist nicht bekannt, welche Elemente der Geometrie die alten Ägypter gebrauchten für die Gestaltung und die Konstruktion der Pyramiden, aber die Berechnung der Höhe muss eine schwierige Aufgabe gewesen sein. Thales entdeckte, dass zu einem bestimmten Zeitpunkt des Tages sein eigener Schatten genau so lang war wie er selbst groß. Er wartete, bis der Sonnenstand wieder dieses Verhältnis zeigte und maß dann die Länge des Schattens der Pyramide ab der Basis. Durch Addition der halben Länge der Basis bestimmte Thales die Höhe der Pyramide.

Eine Einsicht von Thales lautet, dass der Durchmesser eines Kreises diesen

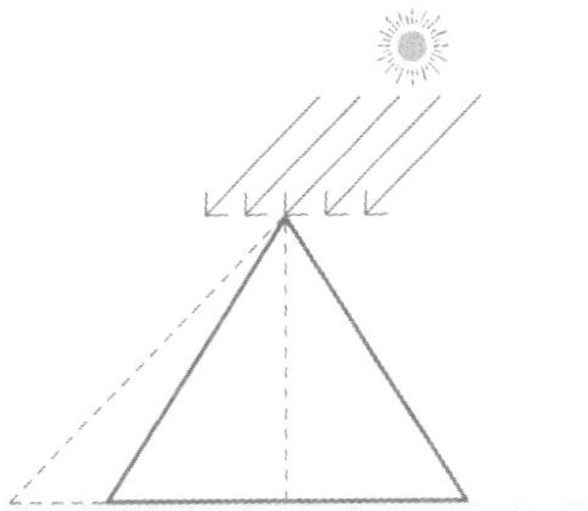

• Beim richtigen Stand der Sonne war Thales in der Lage, mit Hilfe der Schattenlängen die Höhe der Pyramiden zu bestimmen.

immer in zwei gleiche Hälften teilt, und wieder eine andere, dass in einem gleichschenkligen Dreieck (ein Dreieck mit zwei gleich langen Seiten) beide Winkel, die an die dritte Seite angrenzen, ebenfalls gleich sind. Heutzutage wird sich sogar jemand mit Mathematikangst über diese Behauptungen von Thales nicht wundern und diese als Allgemeingut ansehen. Aber Denker aus seiner Zeit sahen seine Erkenntnisse und Beobachtungen als einen großen Fortschritt an, da sie für alle Kreise und gleichschenkligen Dreiecke gelten. Diese deduktive Denkweise formte eine neue Herangehensweise an die Mathematik, die bis zu der Zeit eine rein praktische Disziplin gewesen ist. Thales führte so eine neue Form der Mathematik ein, weg von der Betrachtung einzelner Objekte zum abstrakten Studium allgemeiner Sachverhalte.

Thales schenkte dem Messaspekt der Geometrie weniger Aufmerksamkeit und fokussierte mehr auf Invarianten: Eigenschaften von Kreisen oder gleichschenkligen Dreiecken, die gleich bleiben, ungeachtet ihrer Größe. Der Durchmesser von Kreisen kann sich ändern, aber er teilt den Kreis immer in zwei gleiche Hälften. Das Studium von Invarianz verbindet die verschiedenen Zweige der Geometrie.

Das Herz der Geometrie: Invarianz und Symmetrie

Die meisten Menschen gebrauchen das Wort Symmetrie in seiner alltäglichen Bedeutung. Sie beziehen sich auf etwas, das in Harmonie oder Gleichgewicht ist: die Symmetrie der Flügel eines Schmetterlings oder die fünfblättrige Form, die entsteht, wenn Sie einen Apfel waagrecht durchschneiden. Dieser informelle und fast intuitive Aspekt des Wortes Symmetrie wird in der euklidischen Geometrie zum Studium von Spiegel- und Rotationssymmetrie weiterentwickelt. Der Schmetterling besitzt Spiegelsymmetrie auf die gleiche Art und Weise wie das Wort „TAT" (schreiben Sie es auf ein Stück Papier und halten Sie es vor den Spiegel). Psychologen haben festgestellt, dass wir uns mehr durch Menschen angezogen fühlen, deren Gesicht nicht perfekt

• In der Natur kommen viele Beispiele von Spiegelsymmetrie vor, von Blättern und Schneeflocken bis zur Zeichnung auf Schmetterlingsflügeln.

symmetrisch ist, was bei den meisten der Fall ist.

Die Blumenform in der Mitte eines Apfels zeichnet sich durch Spiegel- und Rotationssymmetrie aus: eine „perfekte“ fünfblättrige Blumenform kann (um jeweils 72°) rotiert werden und sieht in allen fünf Positionen gleich aus.

Mathematiker wenden Konzepte gerne in neuem Kontext an. So bekommt das alltägliche Wort „Symmetrie“ eine umfassendere, mathematische Bedeutung durch die Verbindung zu Spiegelung und Rotation. Ein mathematisches Objekt ist symmetrisch bezüglich einer bestimmten mathematischen Operation, wenn es bestimmte Eigenschaften – in diesem Fall das Aussehen – behalten hat, nachdem die Operation angewendet wurde.

Lassen wir es nicht zu kompliziert werden. Im gewöhnlichen Deutsch bedeutet dies Folgendes: der Ausdruck „mathematisches Objekt“ wird gebraucht, um zwischen Objekten aus der realen Welt und idealen (im Sinne von „perfekt“) mathematischen Objekten unterscheiden zu können. In der realen Welt sind die Flügel eines Schmetterlings niemals perfekt symmetrisch. Selbst eine gezeichnete Darstellung eines symmetrischen Schmetterlings wird, wenn sie vergrößert wird, Unregelmäßigkeiten aufweisen. In unserem täglichen Leben sind diese Abweichungen weder bedeutend noch überhaupt erwähnenswert; aber Mathematiker streben nach absoluter Perfektion. Wie wir später sehen werden, war Euklid der Erste, der zwischen der realen und einer idealen Welt unterschied. Die Geometrie handelt von mathematischen Objekten wie Punkten, Geraden, Vielecken, Polyedern und letzten Endes auch Fraktalen.

Im Beispiel vom (mathematischen) Schmetterling wird als mathematische Operation eine Spiegelung angewandt. Der Schmetterling sieht noch genauso aus und Sie können nicht entscheiden, ob Sie das Original oder das gespiegelte Bild betrachten. Wenn das Kerngehäuse eines Apfels um 72° gedreht wird, wird es auch noch genauso aussehen.

Wir können nun die Bedeutung der Symmetrie ausdehnen. Stellen Sie sich ein Dreieck vor, das gleichmäßig vergrößert oder verkleinert wird. In der Alltagssprache würden wir diese verschiedenen Versionen des Dreiecks nicht symmetrisch nennen. Aber die mathematische Operation des Vergrößerns und Verkleinerns lässt bestimmte Eigenschaften des Dreiecks unverändert: die

• Die Koch'sche Schneeflocke ist ein einzigartig schwieriges Problem in der Geometrie, weil der Inhalt der eingeschlossenen Fläche nicht mit 100 prozentiger Genauigkeit angegeben werden kann (siehe S. 166-167).

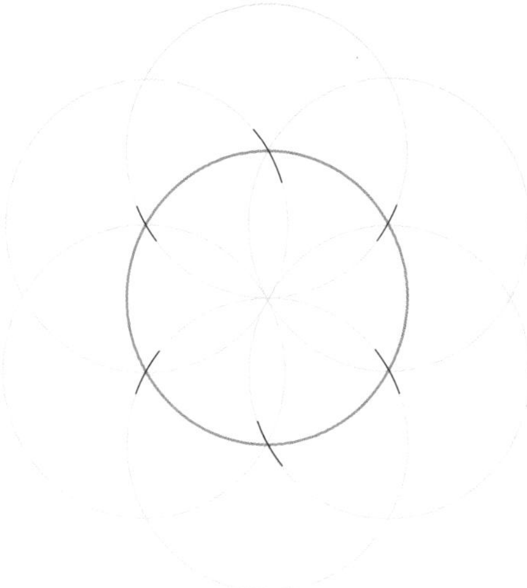

• Mit Hilfe von mathematischen Basishilfsmitteln, wie Lineal und Zirkel, können mehrseitige Vielecke konstruiert werden (siehe S. 20-21).

Größe der Winkel und die Verhältnisse der Seiten bleiben unverändert. Auch wenn ein Dreieck in einer Ebene ohne Drehung verschoben wird – oft als „Translation" bezeichnet – ändern sich die Eigenschaften des Objekts nicht. Dies kann als eine Form von Symmetrie angesehen werden.

Diese Basisformen von Symmetrie – Spiegelung, Drehung, Maßstabsänderung, Verschiebung – und deren Kombination bilden die Basis des Studiums der euklidischen Geometrie, das heißt die ebene Geometrie (Planimetrie). Ebene Figuren sind Figuren, die im Zweidimensionalen dargestellt (und in den dreidimensionalen Raum eingebettet) werden können. Die Betrachtung solcher Symmetrien ist die Geometrie, mit der die meisten von uns durch die Schulbildung vertraut ist. Zum Beispiel hat die Tatsache, dass die Innenwinkel eines ebenen Dreiecks immer 180° ergeben, seinen Ursprung in diesen Symmetrien. Sie können auch dazu genutzt werden, weniger bekannte Tatsachen abzuleiten wie zum Beispiel die Tatsache, dass es im Wesentlichen nur vierzehn verschiedene Tapetenmuster gibt.

Nichteuklidische Geometrie

Als man erkannte, dass die Erde nicht flach war, sondern eine Kugel, wurden

SYMMETRIE IN DER STATISTIK

Die bekannte Glockenkurve repräsentiert eine Klasse statistischer Verteilungen, die 'Normalverteilungen' genannt werden. Obwohl auf einer mathematischen Gleichung basierend, beruht die Idee von „normal" auf den Messergebnissen, die in der Natur vorkommen. So stimmt die Werteverteilung der Größen der Menschen einer Population grob mit der Glockenkurve überein. Die symmetrische Form dieser Kurve wird bei mathematischen Tests benutzt. Wenn die Form der Kurve nicht symmetrisch, sondern in einer der beiden Richtungen „schief" ist, muss der mathematische Test angepasst werden.

einige augenscheinliche euklidische „Tatsachen“ auf einmal bezweifelt. Ein Boot kann in einer geraden Linie über eine Kugel fahren, zwei Wendungen machen und dort wieder ankommen, wo es gestartet war. So folgt das Boot eigentlich den Seiten eines Dreiecks. Die Summe der Winkel, die das Boot bei seinen Wendungen macht, so dass die Route ein Dreieck auf einer Kugel bildet, scheinen mit dem Winkel im Start- und Zielpunkt zusammengezählt größer als 180° zu sein. Das läutete ein neues Zeitalter der Geometrie ein, die nichteuklidische Geometrie.

Auch in der nichteuklidischen Geometrie spezifizieren die Symmetrien, was bei Anwendung einer mathematischen Operation invariant bleibt. Die projektive Geometrie schaut nach dem, was gleich bleibt, wenn geometrische Objekte in einem bestimmten Kontext in einer anderen Form repräsentiert werden: zum Beispiel, wenn ein dreidimensionales Objekt auf eine zweidimensionale Ebene projiziert wird oder wenn Figuren auf einer Kugel auf eine zweidimensionale Fläche projiziert werden. Die italienischen Renaissancekünstler verstanden, dass nach der projektiven Geometrie Parallelen letztendlich aufeinander treffen können.

Die Geometrie der Topologie prüft mit den Symmetrien von extremeren Transformationen. Oft „Gummi-Geometrie“ genannt ist die Topologie das Studium dessen, wie Formen in andere Formen transformiert werden können, als ob sie aus flexiblem Gummi gemacht seien. Stellen Sie sich einen aufblasbaren Gummiring vor. Theoretisch kann dieser

• Die Entwicklung der projektiven Geometrie führte den Gebrauch von Fluchtpunkten in der Malerei ein, mit deren Hilfe Gemälde eine realistischere Perspektive erhielten.

Ring umgeformt werden zu etwas, was einer Teetasse ähnelt. Aber die Donutform kann nicht in eine hohle Kugel umgeformt werden, ohne dass das Gummi beschädigt und wieder repariert wird. In der Geometrie der Topologie werden Donuts und Teetassen als symmetrisch betrachtet!

Maßstabssymmetrie ist einer der Ecksteine der euklidischen Geometrie: wenn Kreise und Dreiecke nicht ihre Eigenschaften behielten, wenn sie vergrößert werden, würde wenig von der euklidischen Geometrie übrig bleiben. In der Wirklichkeit kommt Maßstabssymmetrie kaum vor. Wenn Ameisen oder Spinnen zu monsterhaften Wesen vergrößert würden, könnten sie nicht überleben, weil sie keine Lungen besitzen. Die Beine eines Elefanten sind nicht einfach größere Versionen von denen einer Maus.

Die Tatsache, dass die euklidische Geometrie nicht einfach auf die Wirklichkeit angewandt werden kann, führte zu der Entwicklung der Geometrie der Fraktale, die natürlich auftretende Phänomene einschließt, die eine Form der Maßstabssymmetrie besitzen. Fraktale sind mathematische Objekte mit der Schlüsseleigenschaft der „Selbstähnlichkeit", was bedeutet, dass sie aus Teilen aufgebaut sind, die mehr oder weniger dieselbe Form haben, wie die Figur selbst. Es ist eine andere Form der Symmetrie als die euklidische Skalierungsinvarianz – wenn man nur einen Teil eines Dreiecks vergrößert, wird dieses nicht die Form eines Dreiecks haben. Die Mandelbrot-Menge ist das bekannteste mathematische Fraktal.

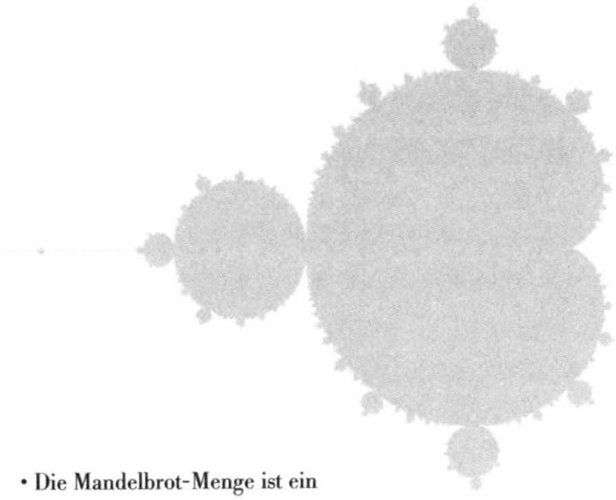

• Die Mandelbrot-Menge ist ein Fraktal, das immer ähnlich aussieht, ob man auf ein Detail hinein- oder gerade herauszoomt (siehe S. 166-167).

Fraktale Ähnlichkeit ist eine nicht ungewöhnliche Erscheinung in der Natur. Küstenlinien besitzen eine fraktale Struktur: ihr Erscheinungsbild ist grob dasselbe, ob man sie aus der Luft oder unter einem Mikroskop betrachtet. Bäume, Farne und Broccoli zeigen ähnliche Eigenschaften.

Der Mathematiker Johannes Kepler beschrieb die Geometrie als den Besitz von zwei Schmuckstücken: der Satz des Pythagoras und der Goldene Schnitt. Wir werden diese Schmuckstücke in den nachstehenden Kapiteln behandeln, aber seit Kepler hat die neue Geometrie, wozu auch Topologie und Fraktale zählen, neue Kostbarkeiten entdeckt, die wir gern mit Ihnen teilen möchten.

„Das komplexeste mathematische Objekt ist die Mandelbrot-Menge… dieses Fraktal ist so komplex, dass es nicht von einem Menschen beherrscht werden kann und als „Chaos" zu beschreiben ist". ***Benoît Mandelbrot***

Kapitel

1

Punkte, Geraden und Kreise

Wenn man singt, kann man laut Julie Andrews am besten mit *do, re, mi* beginnen. In der Geometrie beginnt man meistens mit Punkten, Geraden und Kreisen. Wie einer komplexen Symphonie nur ein Akkord von ein paar Noten zugrunde liegen kann, so können Mathematiker viele verschiedene geometrische Objekte mit Hilfe dieser Grundlagen entwickeln.

KONSTRUKTIONEN I

Existieren geometrische Figuren in der realen Welt oder nur in der idealen Welt der Mathematik? Euklid behauptete, dass Zeichnungen geometrische Ideen nur illustrieren und dass sie nicht mit den Ideen selbst zu verwechseln sind. Geometrie existiert, gemäß Euklid, nur im Reich der Vorstellung.

Perfekte mathematische Objekte

Euklid ist besonders wegen seiner „Postulate" bekannt, die allerdings noch Staub in der mathematischen Welt aufwirbelten. Er definierte einen Punkt als „das, was keine Teile besitzt" und eine Gerade als „Länge ohne Breite". Er machte so einen Unterschied zwischen dem mathematischen Ideal (das nur in der Vorstellung besteht) und dem Realen. Wenn wir annehmen, dass ein Punkt wirklich existiert, dann müssten wir auch schließen können, dass er in kleinere Teile aufgeteilt werden kann. Aber wenn ein Punkt unteilbar ist, kann er nicht aus kleineren Teilen bestehen. Also kann ein Punkt nicht in dieser materiellen Welt existieren. Die Geometrie, wie die meisten von uns sie kennen, beruht also auf Dingen, die es nicht wirklich gibt; das ist paradox.

Repräsentationen von diesen idealen mathematischen Objekten gibt es allerdings sehr wohl. Die alten Griechen waren fasziniert von der Konstruktion geometrischer Darstellungen. Heutzutage verfügen wir über allerlei Hilfsmittel, um geometrische Figuren zu zeichnen, vom einfachen Winkelmesser bis zu CAD (computer-aided design). Die Griechen verließen sich allerdings auf:

- Ein Lineal, um Geraden zu zeichnen (kein Lineal mit Maßeinheiten); und
- einen Zirkel, um Kreise zu zeichnen.

Mit diesen einfachen, aber wesentlichen Hilfsmitteln waren die griechischen Geometer in der Lage, eine große Anzahl geometrischer Figuren zu zeichnen und geometrische Aufgaben zu lösen. Nachstehend folgen einige Grundlagen, die wir noch benötigen werden und die vielleicht noch vom Mathematikunterricht bekannt sind.

Konstruktion der Mittelsenkrechten

Diese zwei-zum-Preis-von-einer-Konstruktion wird benutzt, um rechte Winkel zu erzeugen und eine Strecke in zwei gleiche Hälften aufzuteilen.

Das Lineal wird benutzt, um eine Gerade oder Strecke beliebiger Länge zu zeichnen. Sei das eine Ende der Strecke mit A und das andere mit B bezeichnet. Stellen Sie den Zirkelradius auf einen größeren Wert als die Hälfte der Länge AB ein. Schlagen Sie um jeden der Punkte A und B einen Kreis mit dem eingestellten Radius.

Verbinden Sie die beiden Schnittpunkte der Kreisbögen mit dem Lineal. Die neue Gerade bildet mit der Strecke AB einen rechten Winkel und halbiert diese.

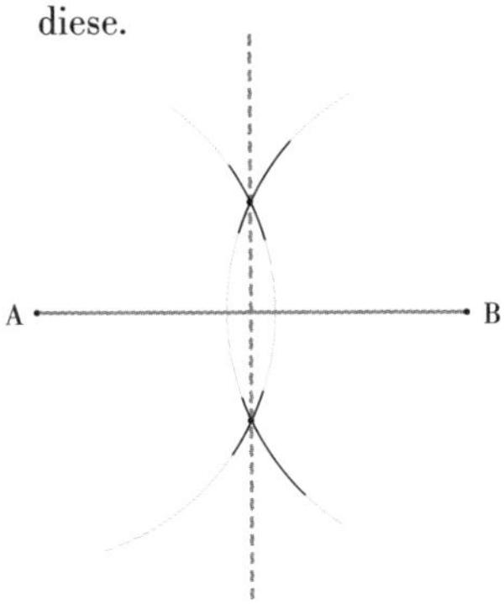

Einen Winkel in zwei gleiche Teile teilen

Benutzen Sie ein Lineal, um zwei Geraden zu zeichnen, die sich schneiden und so am Punkt O einen Winkel bilden. Stellen Sie den Zirkel auf einen beliebigen Radius ein und zeichnen Sie von O aus einen Bogen, der die beiden Schenkel des Winkels in den Punkten M und N schneidet. Schlagen Sie mit dem Zirkel um den Punkt M einen Kreisbogen zwischen den beiden Geraden. Machen Sie dasselbe für N mit dem Zirkel mit demselben Radius, der Bogenschnittpunkt sei mit P bezeichnet. Verbinden Sie mit dem Lineal die Punkte O und P. Die

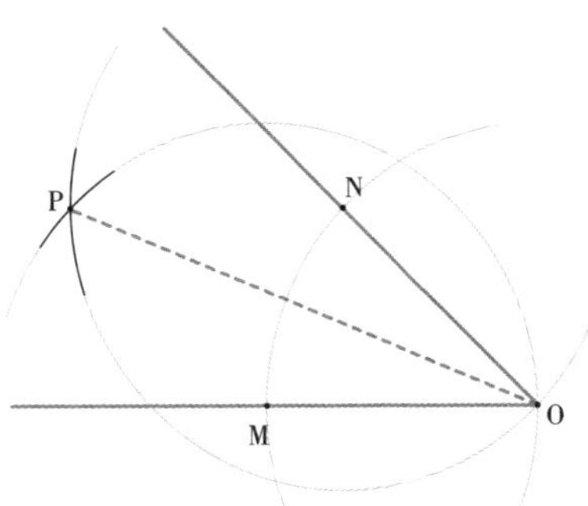

Linie OP teilt den ursprünglichen Winkel O in zwei gleichgroße Winkel.

Wir haben stillschweigend einige Aussagen verwendet, die wir aber noch nicht bewiesen haben. Wie können wir sicher wissen, dass die Gerade OP den Winkel halbiert? Kongruente Dreiecke (siehe S. 44-45) helfen uns, die in der Frage enthaltene Behauptung zu beweisen. Wenn die Punkte M und N jeweils mit einer

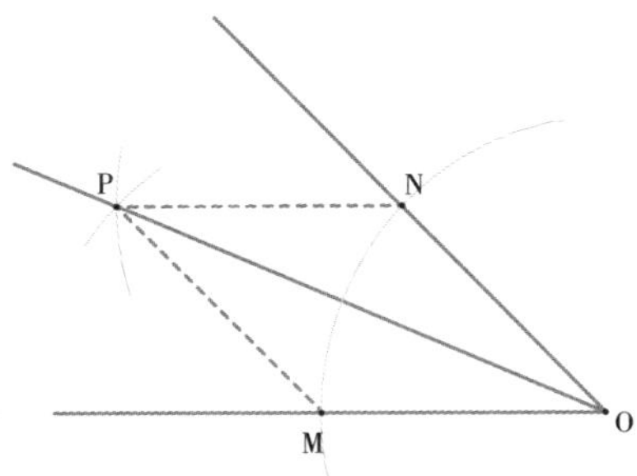

Gerade zum Punkt P verbunden werden, entstehen die Dreiecke: OMP und ONP.

Wegen der Art und Weise, wie wir die Geraden gezogen haben, können wir behaupten, dass die Streckenlängen von MO und NO gleich sind, dies gilt auch für die Strecken MP und NP. Die Strecke OP bildet jeweils eine Seite beider Dreiecke. Damit sind ΔOMP und ΔONP kongruent, da Seitenlängen paarweise identisch sind (SSS). Also ist $\angle MOP = \angle NOP$.

Mehr Einfachheit

Der dänische Mathematiker Georg Mohr behauptete, dass es der Zirkel war, der bei dieser Konstruktion alle Arbeit machte. Im Jahr 1672 zeigte er, dass nur der Zirkel unverzichtbar ist, obwohl man das Lineal benötigt, um verschiedene Punkte miteinander zu verbinden.

KONSTRUKTIONEN 2

Die Schüler von Euklid waren mit Zirkel und Lineal gut ausgerüstet, um eine Vielfalt von Vielecken zu konstruieren. Wir beginnen hier mit dem einfachen, aber wichtigen gleichseitigen Dreieck.

Das Konstruieren eines gleichseitigen Dreiecks

Wir sind nur interessiert an der Form und nicht an der Größe dieses Dreiecks. Die Länge der Basis des Dreiecks kann jede Abmessung annehmen. Dazu zeichnen Sie eine Gerade und markieren die Punkte A und B im gewünschten Abstand.

Setzen Sie die Zirkelspitze auf A, stellen Sie die Zirkelöffnung auf die Länge AB ein und zeichnen einen Kreisbogen.

Stellen Sie die Zirkelspitze mit derselben Zirkelöffnung auf B und ziehen Sie einen Kreisbogen, der den anderen im Punkt C schneidet.

Ziehen Sie Geraden von C nach A und nach B, womit ein Dreieck entsteht. Wie können wir sicher wissen, dass die Seiten des Dreiecks alle dieselbe Länge haben? AC hat dieselbe Länge wie AB, weil beide Radien eines Kreises sind. BC hat ebenso dieselbe Länge wie AB. Also ist AC = AB = BC und damit das Dreieck gleichseitig. Obwohl der Sachverhalt offensichtlich erscheint, ist dieser Beweis typisch für die euklidische Geometrie. Er basiert auf logischem Schließen statt auf Vergleichen von Messergebnissen. Dieser logische Beweis nimmt keinen Bezug auf die Seitenlänge

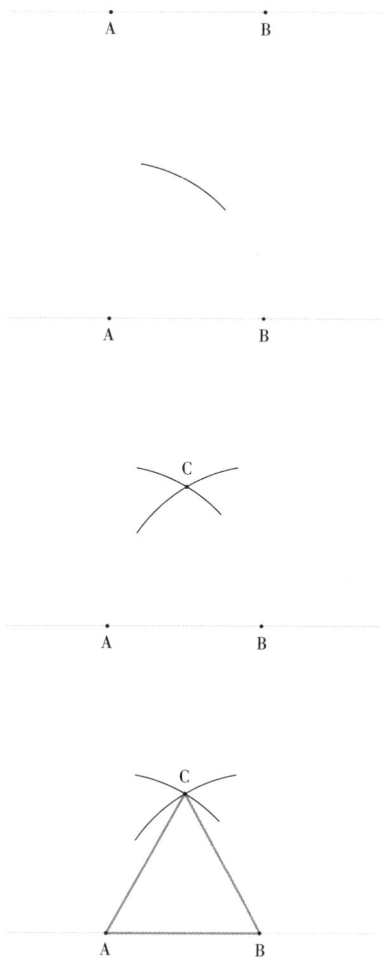

und gilt damit für alle gleichseitigen Dreiecke, unabhängig von der Größe.

Das Konstruieren eines Quadrats

Wir sahen bereits, wie man eine Gerade konstruiert, die senkrecht auf einer gegebenen Geraden steht (S. 14-15), führen diese Konstruktion durch und bezeichnen den Schnittpunkt mit B.

Wir markieren den Punkt A, wobei der Abstand der Punkte A und B die Seitenlänge des Quadrats festlegt. Setzen Sie die Zirkelspitze auf B, stellen Sie die Zirkelöffnung auf den Abstand der Punkte A und B ein, und ziehen Sie einen Kreisbogen, der die senkrechte Gerade im Punkt C schneidet.

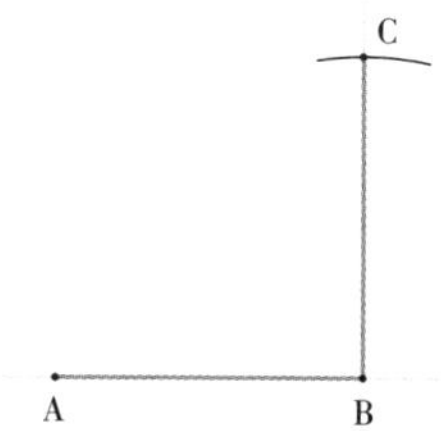

Setzen Sie die Zirkelspitze mit derselben Zirkelöffnung auf Punkt A und zeichnen Sie einen Kreisbogen. Führen Sie dasselbe mit der Zirkelspitze in Punkt C durch, so dass die Bögen sich in D schneiden. Verbinden Sie die Punkte A und D sowie C mit D, es entsteht ein Quadrat. Wir können mit derselben Argumentation wie beim gleichseitigen Dreieck beweisen, dass alle Seiten dieselbe Länge besitzen. Der Beweis, dass in allen Punkten rechte Winkel vorliegen, soll hier nicht geführt werden.

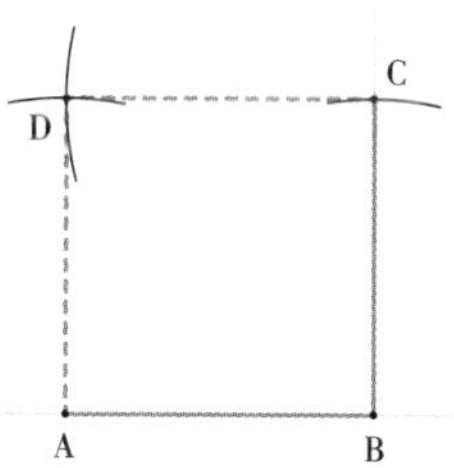

DIE KONSTRUKTION EINES REGELMÄSSIGEN FÜNFECKS

Das gleichseitige Dreieck und das Quadrat waren einfach zu konstruieren. Wir erwarten vielleicht, dass dasselbe auch für ein regelmäßiges Fünfeck gilt. Aber wir werden sehen, dass dies nicht der Fall ist. Die Konstruktion des Fünfecks hat Mathematiker lange Zeit vor Rätsel gestellt.

Euklid

Euklid ist bekannt als der Vater der Geometrie. Neun Bände seines Werks *Die Elemente* handeln von der ebenen Geometrie und der Geometrie von Körpern, die übrigen vier sind der Zahlentheorie gewidmet. Euklid arbeitete wahrscheinlich zusammen mit anderen Mathematikern an *Die Elemente*, da der Stil nicht einheitlich ist. Jedes der Bücher enthält eine Anzahl von Definitionen, gefolgt von mathematischen Sätzen.

Bis zum 19. Jahrhundert wird die ebene Geometrie, wie sie in Euklids *Die Elemente* erklärt wird, als die einzig mögliche Geometrie betrachtet. Dann, als Mathematiker begannen, eine andere, auf gekrümmten Oberflächen basierende Geometrie zu entwickeln, wurden die Terme euklidische und nichteuklidische Geometrie eingeführt, um diese beiden Arten zu unterscheiden.

Das Leben des Euklid

Euklid wurde etwa 325 v. Chr. geboren und starb wahrscheinlich 265 v. Chr.

Wir wissen nur sehr wenig über sein Leben. Während der Regierungszeit von Ptolemäus I. unterrichtete Euklid Mathematik in Alexandria, Ägypten, wo er selbst von Schülern Platons unterrichtet wurde. Euklids Werk beeinflusste auch Archimedes und Eratosthenes welche nach Euklid in Alexandria studierten. Seine wichtigste Schrift, *Die Elemente*, basiert auf den Werken von Mathematikern und Philosophen wie Platon, Aristoteles, Eudoxus, Thales, Hippokrates und Pythagoras. Es wird erzählt, dass, als damals Ptolemäus I. die dreizehn Bücher der *Elemente* sah, dieser fragte, ob es keine einfachere Möglichkeit gäbe, Geometrie zu lernen. Euklid soll geantwortet haben: „Es gibt keinen Königsweg zur Geometrie."

Die Behauptungen des Euklid

In Buch I der *Elemente* präsentiert Euklid 22 Definitionen der grundlegenden Begriffe der Geometrie:

- Ein Punkt ist, was keine Teile hat.
- Eine Linie ist eine Länge ohne Breite.
- Die Enden einer Linie sind Punkte.
- Eine Strecke ist eine Linie, die bezüglich der Punkte auf ihr stets gleich liegt.

• Die Bücher des Euklid

Die Elemente *waren lange Zeit nur in handgeschriebener Form in lateinischer und arabischer Sprache verfügbar. Euklids Text wird erst im 15. Jahrhundert in Venedig gedruckt und die englische Übersetzung erschien im Jahr 1570. Die Veröffentlichung von* Die Elemente *hatte einen wichtigen Einfluss auf das Studium der Mathematik in Europa. Euklid wurde ab dem 18. Jahrhundert an Schulen unterrichtet, nicht nur um Schülern Geometrie, sondern auch Logik zu vermitteln. Jenseits von* Die Elemente *sind weitere fünf Bücher überliefert. Alle mit dem Muster mit Definitionen, Axiomen und Lehrsätzen. Es sind Werke über Geometrie, Verhältnisse, die Mathematik von Spiegeln, sich bewegender Kugeln und Perspektive.*

Danach formulierte Euklid zehn Axiome als Fundament für die Mathematik. Axiome sind Behauptungen, die wir als wahr akzeptieren. Aber Euklid war der Meinung, dass auch Axiome bewiesen werden müssen. Er unterteilte seine Axiome in zwei Gruppen. Die ersten fünf nannte er „allgemeine Einsichten" und die zweite Gruppe „Postulate", die speziell für die Geometrie gelten:

- Eine Strecke kann unbeschränkt (zu einer Geraden) verlängert werden.
- Man kann zu einer Strecke einen Kreis zeichnen, mit Hilfe der Streckenlänge Geraden als Radius und einem Endpunkt der Strecke als Mittelpunkt.
- Alle rechten Winkel sind einander gleich.
- Gegeben seien eine Gerade und ein Punkt. Dann kann man nur eine Gerade durch den Punkt zeichnen, die zu der gegebenen Geraden parallel verläuft.

Die geometrischen Beweise im Werk *Die Elemente* bestehen aus Konstruktionen, d. h. es sind Figuren zu zeichnen, wobei nur Zirkel und Lineal zu benutzten sind. Das Lineal hat keine Maßeinheiten. Euklid formulierte Theoreme (mathematische Aussagen), eins führt zum nächsten, beginnend mit der Konstruktion eines gleichschenkligen Dreiecks. Die Beweise für die nachfolgenden Lehrsätze basieren auf den vorhergehenden. Dieses Vorgehen wird axiomatische Methode genannt.

Nachstehend beweisen wir beispielhaft Lehrsatz 6 aus Buch I. Dieser behauptet, dass, wenn zwei Winkel eines Dreiecks gleich sind, auch die den Winkeln gegenüberliegenden Seiten gleich sind. Diesen Beweis führt Euklid derart, dass er annimmt, dass die Behauptung nicht gilt und dies zu einem Widerspruch führt, auch reductio ad absurdum genannt.

Lehrsatz 6

Sei ABC ein Dreieck, wobei die Winkel ABC und ACB gleich sind. Dann sind die Seiten AB und AC gleich lang.

Wenn AB und AC nicht gleich lang sind, so ist eine Seite länger als die andere.

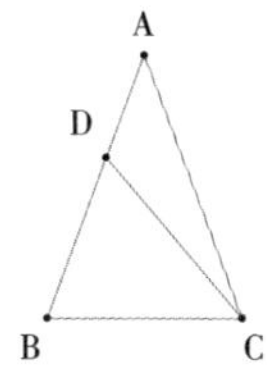

Angenommen, dass AB länger ist und AC kürzer. Markieren Sie auf der Seite AB einen Punkt D, so dass DB und AC gleich lang sind. Verbinden Sie die Punkte C und D.

BC ist jeweils Seite der Dreiecke DBC und ACB und damit BC gleich CB. Die Seiten DB und AC sind gleich lang.

Die Winkel DBC und ACB sind gleich.

∴ Die Dreiecke DBC und ACB besitzen den gleichen Flächeninhalt, was aber ein Widerspruch ist, da sich die Dreiecksfläche von

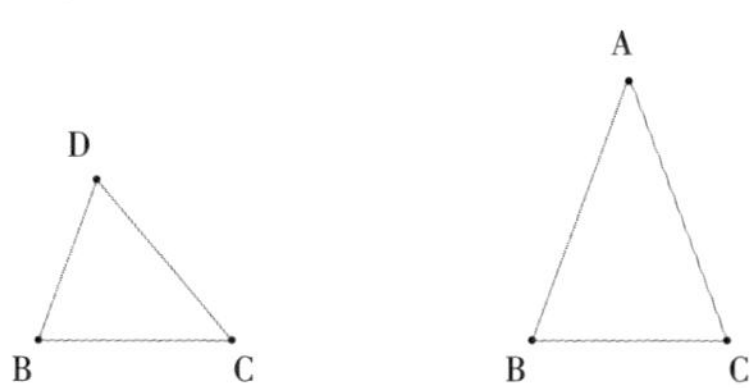

ACB aus den Flächen DBC und ADC zusammensetzt.

∴ Die Annahme, dass die Seiten AB und AC nicht gleich lang sind, führt zu einem Widerspruch, ist also falsch. Also sind AB und AC gleich lang.

Übung 1

Blumenuhr

DIE AUFGABE:

Felicitas sieht eine Blumenuhr im Park nahe ihrer Wohnung und denkt, dass es schön wäre, die zwölf Punkte der Uhr am Rand eines runden Blumenbeets zu markieren. Wie kann sie ein zwölfseitiges Vieleck nur mit Hilfe eines Lineals und eines Zirkels konstruieren.

DIE METHODE:

Wir wissen, wie wir ein gleichseitiges Dreieck konstruieren können, und aus sechs solchen Dreiecken kann ein Sechseck gebildet werden.

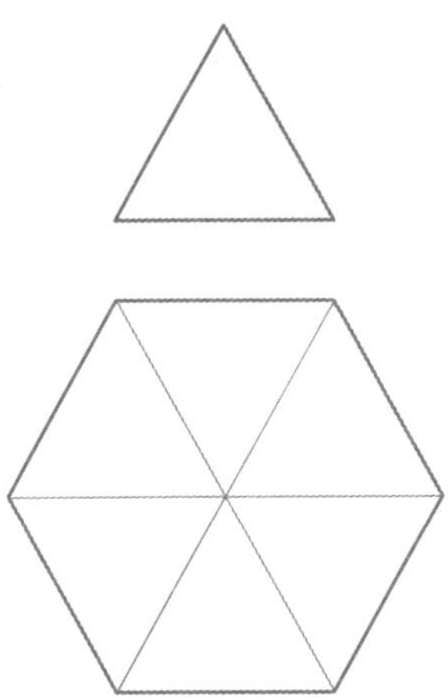

Es gibt eine Möglichkeit, ein regelmäßiges Sechseck zu konstruieren, ohne sechs einzelne Dreiecke zu bilden. Das gleichseitige Dreieck wird konstruiert, indem man Kreisbögen mit derselben Zirkelöffnung zieht (S. 16). Zeichnen Sie nun einen Kreis, setzen Sie die Zirkelspitze auf einen beliebigen Punkt auf dem Kreisumfang und ziehen Sie mit derselben Zirkelöffnung einen Kreisbogen, der den Kreis schneidet. Setzen Sie die Zirkelspitze auf diesen Punkt und markieren Sie auf die gleiche Weise den nächsten Punkt. So können die sechs Punkte auf dem Kreis markiert werden, die im gleichen Abstand zueinander stehen.

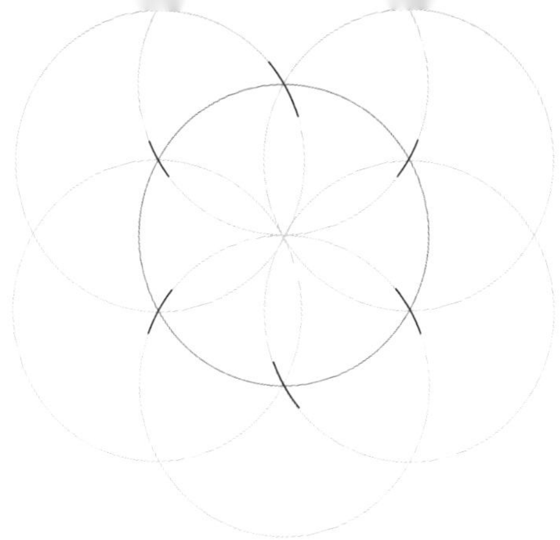

Verbinden Sie die sechs Punkte miteinander, so entsteht ein regelmäßiges Sechseck.

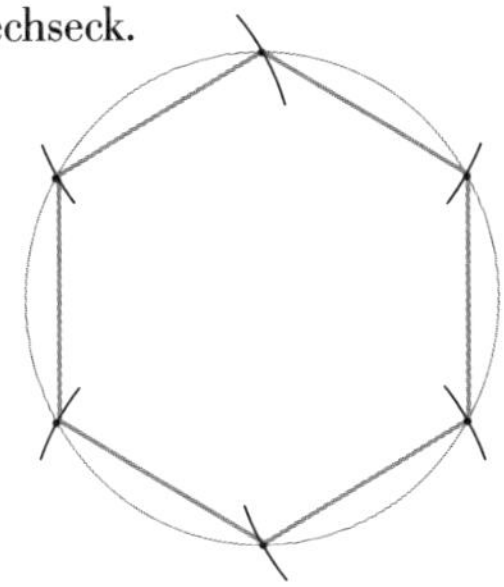

Wir wissen bereits, wie man eine Strecke mit Hilfe einer senkrechten Linie halbiert. Wendet man diese Methode auf jede Sechseckseite an und schneidet die Mittelsenkrechten mit dem Kreis, so entsteht ein Dodekagon oder regelmäßiges Zwölfeck.

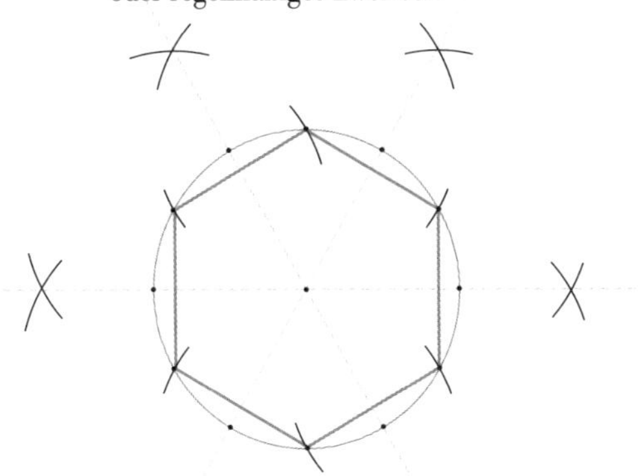

(Die Mittelsenkrechten halbieren nicht nur die Seiten, sondern auch die Kreisbögen zwischen den Eckpunkten des Sechsecks.)

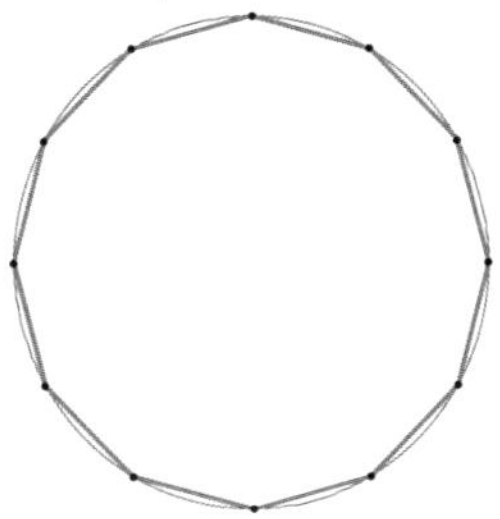

DIE LÖSUNG:

Felicitas konstruiert also ein regelmäßiges Zwölfeck mit Hilfe des einfacheren regelmäßigen Sechsecks.

Übung 2

Tischplatte

DIE AUFGABE:

Möbelschreiner Robert soll eine Tischplatte in der Form eines regelmäßigen Fünfecks fertigen. Wie kann er ein perfektes regelmäßiges Fünfeck nur mit der Hilfe eines Lineals und eines Zirkels konstruieren? Kann er die Sechseck-Konstruktion verallgemeinern?

DIE METHODE:

Robert hat schon einmal eine sechseckige Tischplatte erstellt, indem er sechs gleichseitige Dreiecke zusammenfügte. Er überlegt, dass fünf gleichschenklige Dreiecke zusammen ein Fünfeck formen würden.

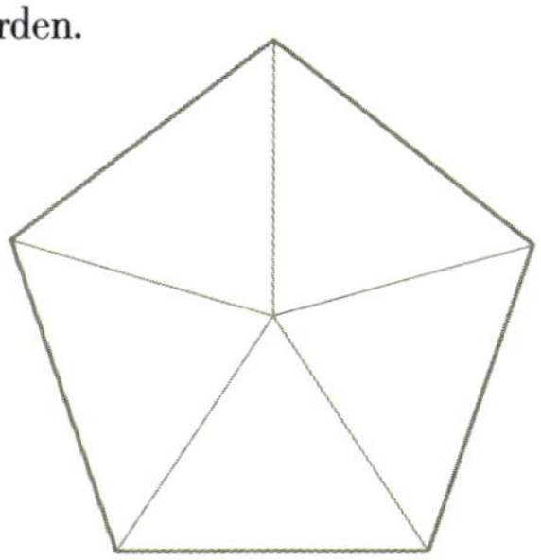

Die fünf Winkel in der Mitte des Fünfecks müssen zusammen 360° ergeben. Also ist der Winkel eines jeden Dreiecks im Mittelpunkt genau 72°. Dies ist kein einfach nur mit Zirkel und Lineal zu konstruierendes Dreieck. Vielleicht ist es einfacher, ein regelmäßiges Zehneck zu konstruieren. Wenn das der Fall ist, kann von einem Zehneck einfach ein Fünfeck abgeleitet werden. Sollen zehn gleichschenklige Dreiecke ein Zehneck formen, so muss der Winkel eines jeden Dreiecks im Mittelpunkt 36° sein. Die übrigen zwei Winkel im Dreieck müssen zusammen dann 180° - 36°= 144° sein, also jeder Winkel 72°. Da ist die unangenehme Zahl 72 erneut.

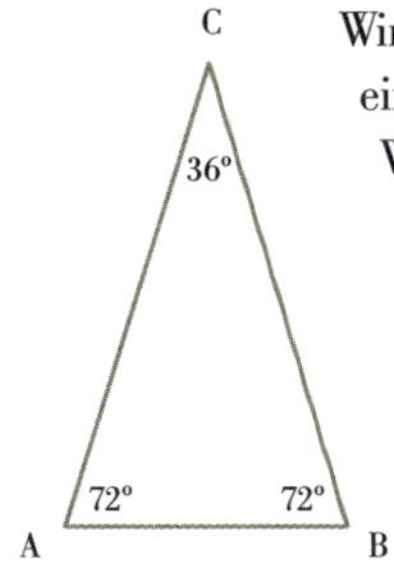

Das Halbieren des Winkels in A führt zu einer interessanten Wiederholung von Winkeln.

ΔABC ist ein gleichschenkliges Dreieck mit einem Winkel in C von 36° und

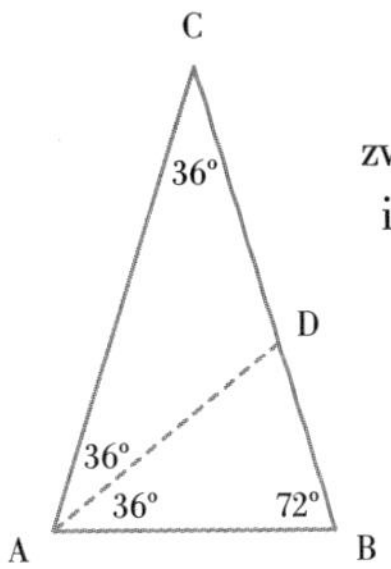

zwei gleichen Winkeln in A und B von jeweils 72°. ΔBDA hat einen Winkel in A von 36° und einen Winkel in B von 72°, also muss der andere Winkel in D 180° - (36°+72°) = 72° sein. Dies ist ebenso ein gleichschenkliges Dreieck wie das Dreieck ΔABC. Wenn ΔABC und ΔBDA einander ähnlich sind, müssen die Verhältnisse ihrer Seiten auch gleich sein. Wir können die Länge der Seiten AC (und BC) als 1 Einheit annehmen und AB als x Einheiten. AD und CD haben dann auch die Länge x. Also ist BD $1 - x$ Einheiten lang.

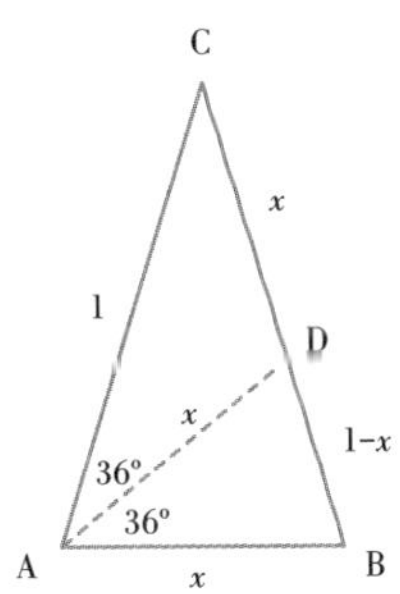

Setzt man die langen zu den kurzen Seiten der Dreiecke ΔABC und ΔBDA ins Verhältnis, so ergibt sich:

$$\frac{1}{x} = \frac{x}{(1-x)}$$

Diese Gleichung steht mit dem Goldenen Schnitt (siehe S. 64-65) in Beziehung und besitzt die Lösung:

$$x = \frac{(\sqrt{5} - 1)}{2}$$

Nun müssen wir die Länge $\sqrt{5}$ Einheiten konstruieren. Eine Spirale, die mit einem rechteckigen Dreieck der Kathetenlänge 1 beginnt, besitzt eine Hypotenuse der Länge $\sqrt{2}$.

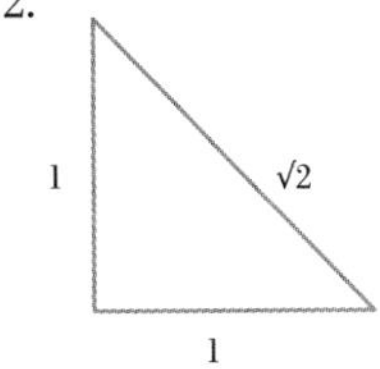

Gemäß dem Satz des Pythagoras (siehe S. 54-55) besitzt die Hypotenuse des rechtwinkligen Dreiecks mit den Katheten $\sqrt{2}$ und 1:

$$(\sqrt{2})^2 + 1^2 = 2 + 1 = 3$$

$$\sqrt{[(\sqrt{2})^2 + 1^2]} = \sqrt{3}$$

Nach weiteren zwei Schritten erhalten wir eine Strecke der Länge $\sqrt{5}$ Einheiten.

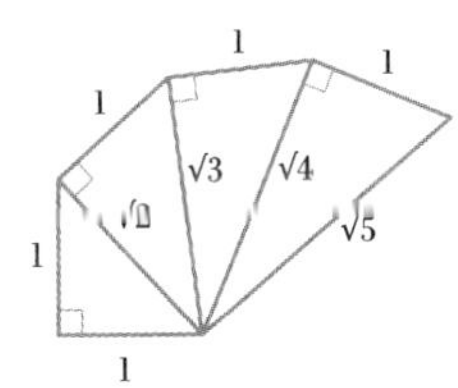

DIE LÖSUNG:

Robert zieht mit dem Zirkel von der Strecke der Länge $\sqrt{5}$ 1 Einheit ab und halbiert die verbleibende Strecke. Diese bildet die Basis seines Dreiecks. Wenn er die Zirkelöffnung auf 1 Einheit einstellt, kann er ΔABC und damit die zehn gleichschenkligen Dreiecke konstruieren, die zusammen ein regelmäßiges Zehneck bilden. Wenn er die übernächsten Eckpunkte miteinander verbindet, erhält er ein regelmäßiges Fünfeck.

DIE UNMÖGLICHKEIT DER SIEBEN

Mathematiker des Altertums konnten mit Zirkel und Lineal drei-, vier-, und sechsseitige Vielecke und – mit einer gewissen Genialität – auch ein regelmäßiges Fünfeck konstruieren. Aber konnten sie auch jedes regelmäßige Vieleck konstruieren?

Quadrat und Dreieck als Basis

Durch Halbieren von Winkeln und Seiten zeigte Euklid wie die Anzahl der Seiten eines regelmäßigen Vielecks verdoppelt werden konnte. Das Quadrat bildet die Basis für das Achteck, dieses für das 16-Eck, dies wiederum für das 32-Eck und so weiter. Die Zahlen 4, 8, 16 und 32 sind Potenzen der Zahl 2. Wenn wir 2 5-mal mit sich selbst multiplizieren, nennen wir das die 5te Potenz von 2, oder 2 hoch 5. Also $2^5 = 2 \times 2 \times 2 \times 2 \times 2$. Weil ein Quadrat vier Seiten hat, sind die Seiten eines Vielecks, das auf dem Quadrat basiert, 4-mal eine Zweierpotenz, geschrieben 4×2^n. Mit $n = 7$ erhält man $2^7 = 128$ und $4 \times 128 = 512$. Die Anzahl der Seiten eines Vielecks mit dem gleichseitigen Dreieck als Basis ist das 3-fache einer Zweierpotenz. Wir erhalten so das Sechseck, Zwölfeck, 24-Eck, 48-Eck und so weiter, ausgedrückt als 3×2^n. Als die Aufgabe des Fünfecks gelöst war, konnten auch Vielecke mit 5×2^n Seiten konstruiert werden.

Jedoch können nicht alle Zahlen als Produkt von 2^n und einer ganzen Zahl ausgedrückt werden, wobei $n > 0$ sei. Zum Beispiel 7, 9 oder 15. Wie konstruieren wir diese Vielecke?

Konstruktion eines 15-Ecks

Da $3 \times 5 = 15$ ist, könnten vielleicht die Konstruktionen des Dreiecks und des Fünfecks miteinander kombiniert werden, um so ein 15-Eck zu bilden. Wir sahen bereits (siehe S. 22-23), dass Vielecke als Kombination kongruenter gleichschenkliger Dreiecke betrachtet werden können, die sich in einem zentralen Punkt treffen. Wenn 15 Dreiecke ein 15-Eck bilden, müssen die Dreieckswinkel im zentralen Punkt $360° / 15 = 24°$ sein. Wenn wir also einen Winkel von 24° konstruieren können, ist die Aufgabe gelöst.

Wir konstruieren ein Fünfeck wie zuvor, zeichnen den Umkreis und mit dem Zirkel sechs Punkte auf dem Kreis (vergleiche S. 21). Wir verbinden die Punkte wie in der übernächsten Zeichnung, so dass ein gleichseitiges Dreieck AFG entsteht.

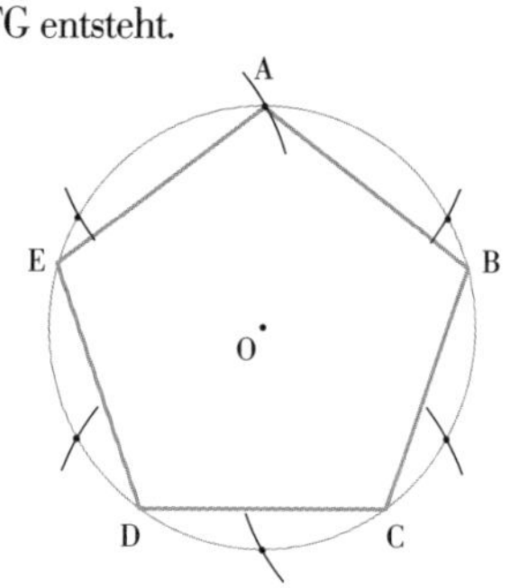

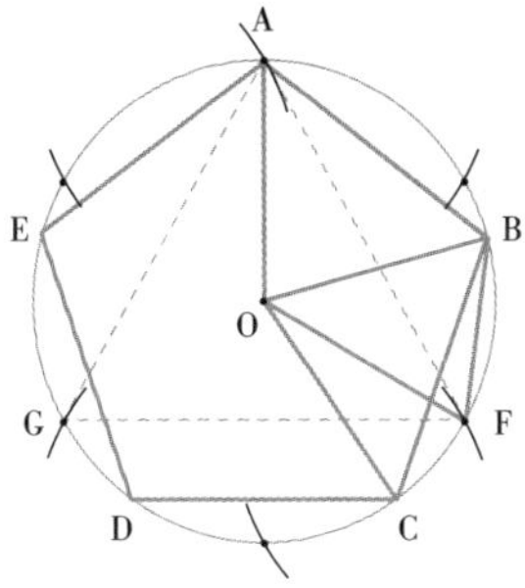

Nun gilt: ∠FOA ist 120° (es ist einer der zentralen Winkel des Dreiecks ΔGFA) und ∠BOA ist 72° (der zentrale Winkel des Fünfecks ABCDE). Damit ist ∠COA 144° = 2 x 72° und ∠COF = ∠COA - ∠FOA = 144° - 120° = 24°. Das 15-Eck wird nun derart konstruiert, indem man mit der Zirkelöffnung CF sukzessive Punkte auf dem Kreis markiert.

Dieser Ansatz lässt sich verallgemeinern, indem jeweils ein Paar von regelmäßigen Vielecken miteinander kombiniert wird. So kann ein Fünf- mit einem Achteck für die Konstruktion eines 40-Ecks kombiniert werden.

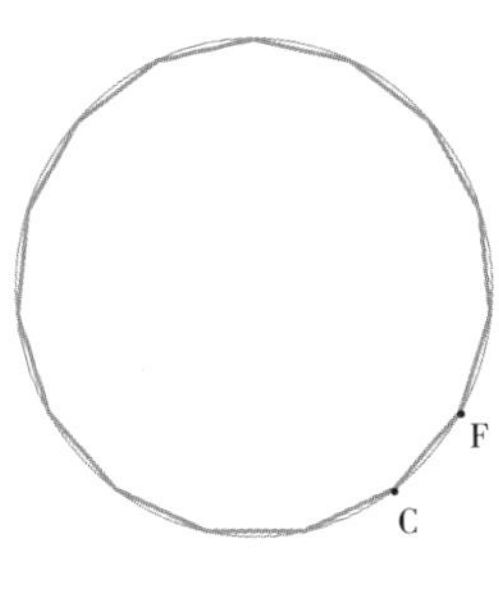

Sind wir schon am Ziel?

Das Kombinieren von Vielecken bietet viele Möglichkeiten, aber wir haben immer noch nicht das Siebeneck (Heptagon) konstruiert. Nicht traurig sein, Euklid war dazu auch nicht in der Lage.

Der großartige Gauß

Mehr als 1000 Jahre nach Euklids Tod versuchten Mathematiker ohne Erfolg, ein Siebeneck zu konstruieren. Im Jahre 1796 wagte Carl Friedrich Gauß (siehe S. 96-97) einen Versuch. Dieser Mathematiker konstruierte aber kein Heptagon, sondern ein Heptadekagon, ein regelmäßiges 17-Eck. Gauß war siebzehn Jahre alt, als er dabei entdeckte, dass es unmöglich ist, ein Heptagon mit Zirkel und Lineal zu konstruieren.

Gauß bewies, dass ein Vieleck, dessen Seitenzahl einer Primzahl p (wie 7, 11, 13 oder 51) entspricht, dann und nur dann konstruiert werden kann, wenn die Primzahl in dieser Form ausgedrückt werden kann:

$$p = 2^{2^n} + 1$$

Hierbei steht n für 0, 1, 2, 3, … .

Diese Zahlen werden Fermat-Zahlen genannt, wobei nicht alle Zahlen dieser Gestalt Primzahlen sind.

Gauß blieb sein Leben lang stolz auf seine Entdeckung und wünschte sich ein 17-Eck auf seinem Grabstein. Der Steinmetz weigerte sich, weil er dachte, dass es zu sehr einem Kreis ähneln würde. Aber ein Denkmal in Göttingen besitzt ein 17-Eck als Basis.

Übung 3

Die Quadratur des (Fast-)Quadrats

DIE AUFGABE:

Ein klassisches Problem im Altertum war die Quadratur des Kreises: welche Größe musste ein Quadrat haben, um exakt dieselbe Oberfläche zu besitzen wie ein bestimmter Kreis? Das ist ein unlösbares Problem, aber niemand wusste das, bis entdeckt wurde, dass π eine irrationale Zahl war (eine Zahl, die nicht als Bruch beschrieben werden kann, siehe S. 30-31). Ein anderes klassisches Problem ist die Frage, ob es möglich ist, ein Quadrat mit anderen Quadraten mit verschiedenen Größen zu füllen. Ist es möglich, ein (Fast-)Quadrat von 32 x 33 mit den folgenden neun Quadraten: 1, 4, 7, 8, 9, 10, 14, 15, 18 zu füllen?

DIE METHODE:

Eine zweckgerichtete Strategie ist es, mit dem größten, dem 18 x 18-Quadrat zu beginnen und rechts oben in das Rechteck einzufügen. Die Seiten des Rechtecks sind 32 und 33, also passen die Quadrate von 14 x 14 und 15 x 15 exakt neben das von 18 x 18. Horizontal ist unten Platz für 17 Einheiten, also für die Quadrate von 10 x 10 und 7 x 7 oder die von 8 x 8 und 9 x 9. Versuchen Sie erst die von 10 x 10 und 7 x 7 auf die Grundseite zu positionieren. Die anderen Quadrate passen dann

A

B

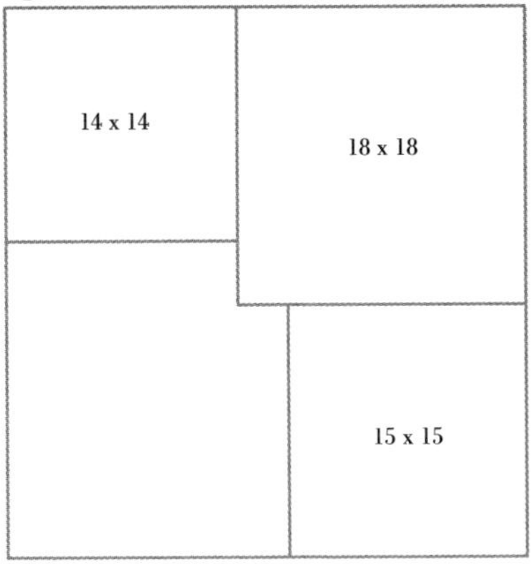

D

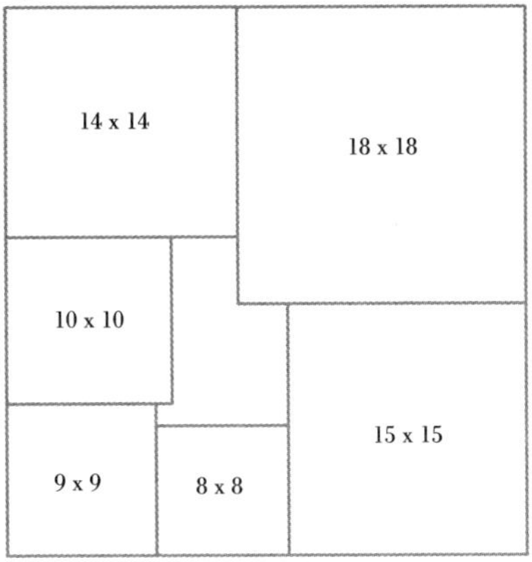

C

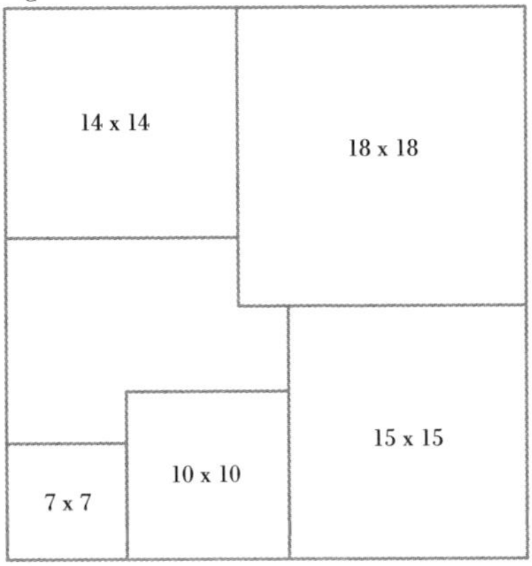

E

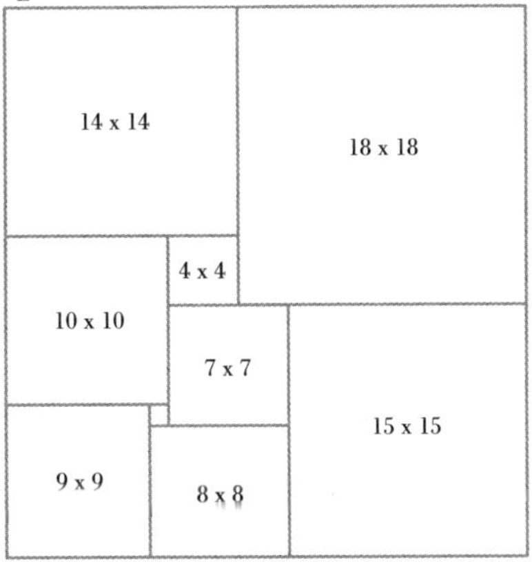

nicht mehr in das Rechteck. Also setzen Sie die von 9 x 9 und 8 x 8 dahin. Das 9 x 9-Quadrat muss in die Ecke, damit das mit 10 x 10 darüber passt.

Wir können jetzt die Quadrate mit den Kantenlängen von 7, 4 und 1 Einheiten in das Rechteck einfügen.

DIE LÖSUNG:

Die Quadrate passen in das Rechteck, wie es hier oben dargestellt ist. Dieses Puzzle mit seiner Lösung wurde erstmalig von Zbigniew Morón im Jahre 1925 veröffentlicht. Jahrelang wurde kein echtes Quadrat gefunden, das mit Quadraten verschiedener Größen gefüllt werden konnte. Aber im Jahre 1939 publizierte Roland Sprague eine Lösung für das Füllen eines Quadrats mit 55 Quadraten. Im Jahre 1948 folgte Theophilus Willcocks mit 25 Quadraten. Adrianus Duijvestijn füllte ein Quadrat mit der Seitenlänge von 112 Einheiten mit 20 Quadraten, die kleinste Version bis jetzt. Wenn Sie es auch einmal probieren wollen, die verwendeten Quadrate besitzen die Seitenlängen: 2, 4, 6, 7, 8, 9, 11, 15, 16, 17, 18, 19, 24, 25, 29, 33, 35, 37, 42, 50.

Gottfried Wilhelm Leibniz

Leibniz war ein deutscher Rationalist, Philosoph, Mathematiker und Intellektueller, der Beiträge zu einer überraschend großen Anzahl von Ideen lieferte. In der Mathematik entwickelte er neue Theorien zur Topologie, Binärarithmetik, Differenzialrechnung und symbolischer Logik. Er arbeite über Kraft und Energie, Dynamik, Relativität des Raums und Technologie. Leibniz veröffentlichte eine große Anzahl von Schriften über Philosophie, Metaphysik und Theologie. Als Bibliothekar des Herzogs von Braunschweig entwickelte er das Fundament der heutigen Bibliothekswissenschaft, indem er ein Indexsystem für mehr als hunderttausend Bücher entwickelte. Leibniz schrieb an einer Enzyklopädie, die alles bestehende Wissen enthalten sollte. Sein Leben lang schrieb er Poesie in Latein.

In seinen philosophischen Schriften über das Wesen Gottes, prägte Leibniz die Wendung „die beste von allen möglichen Welten". Er argumentierte, dass Gott die Welt im Gleichgewicht von Gut und Böse erschuf, so dass das Gute das Böse besiegen würde. Voltaire schrieb mit seinem *Candide* eine Satire auf diese Philosophie des Optimismus. In diesem Roman stellt Dr. Pangloss eine Parodie von Leibniz dar, der selbst unter den fürchterlichsten Umständen optimistisch bleibt.

Leibniz' Leben

Gottfried Wilhelm Leibniz wurde im Jahre 1646 in Leipzig geboren und starb im Jahre 1716. Sein Vater lehrte Ethik an der Leipziger Universität und starb, als Leibniz gerade mal sechs Jahre alt war. In jungem Alter studierte dieser die Bücher aus der Bibliothek seines Vaters, als er vierzehn war, wurde er zur Universität zugelassen und mit zwanzig verlieh man ihm den Doktortitel der Rechtswissenschaften.

Im Jahr 1667 zog Leibniz nach Frankfurt um und trat in den Dienst von Baron Johann Christian von Boineburg. Er arbeitete für etliche Projekte in Wissenschaft, Literatur, Politik und Recht. Er machte einen guten Eindruck in Hofkreisen. Im Jahr 1672 reiste Leibniz nach Paris, wo er wichtige Mathematiker, Wissenschaftler und Philosophen traf. Auch besuchte er London, wo er eine Rechenmaschine präsentierte, die er selbst

• Leibniz war ein vielseitiger Gelehrter, der an Logik, Mathematik, Mechanik, Geologie, Theologie, Recht, Philosophie, Geschichte und Sprachen interessiert war.

„Es ist schwer, gelehrte Männer zu finden, die sauber sind, nicht stinken und einen Sinn für Humor haben."

Anonym

entworfen und gebaut hatte (derzeit im Landesmuseum von Hannover). Wegen seiner Verdienste wurde Leibniz Mitglied der Royal Society.

Nach dem Tod des Barons fand Leibniz in Hannover einen neuen Dienstherrn, den Herzog von Braunschweig. Als allgemeiner Verwalter und Bibliothekar fand er auch noch die Zeit, sich mit dem Studium von hydraulischen Pressen, Windmühlen, Lampen, U-Booten, Uhren, Wasserpumpen, der Binärarithmetik und Infinitesimalrechnung zu beschäftigen. Der Bruder des Herzogs trug ihm auf, eine Geschichte des Geschlechts derer von Brauchschweig zu schreiben. Leibniz reiste unter dem Vorwand, Daten über diese Familie zu sammeln, durch Europa, aber er verwendete den größten Teil seiner Zeit auf andere Studien und Kontakte zu einflussreichen Adeligen. Im Jahr 1712 wurde er vom Herzog ermahnt, nach Hannover zurückzukehren, um die Arbeiten über die Geschichte abzuschließen. Im Jahr 1716 starb Leibniz.

Disput mit Newton

Im Jahre 1676 besuchte Leibniz die Royal Society in London, als ihm ein nicht veröffentlichtes Manuskript über Differentialrechnung von Newton gezeigt wurde. Leibniz publizierte acht Jahre später, im Jahr 1684, seine von ihm entwickelten Ideen zur Differentialrechnung. Newton publizierte seine Arbeit erst im Jahre 1693 und – in einer ausführlichen Version – 1704. Er beschuldigte Leibniz des Plagiats mit dem Hinweis, dass dieser das nicht publizierte Manuskript von Newton gelesen und sich Notizen gemacht hätte. Leibniz behauptete allerdings, dass er schon früher eine Differentialrechnung entwickelt hätte, und verwies auf seine Arbeiten seit 1675. Wahrscheinlich haben beide Wissenschaftler diese mathematische Theorie getrennt voneinander mit unterschiedlichen Sichtweisen entwickelt. Beide erkannten, dass das Finden des Anstiegs der Tangente an einer Kurve in einem bestimmten Punkt (differenzieren) das Gegenteil zur Bestimmung der Fläche unter einer Kurve (integrieren) ist. Leibniz führte die Schreibweisen für die Infinitesimalalrechnung ein, die wir heute noch benutzen: $\int$ als Integralzeichen und ∂ als Differentialzeichen. Die Diskussion wurde selbst nach dem Tod von Leibniz noch lange fortgeführt. Newton war populär, und im England des 18. Jahrhunderts wandte sich die öffentliche Meinung gegen Leibniz. Das und das Porträt, das von ihm in Voltaires satirischem Roman *Candide* skizziert wurde, sorgten dafür, dass seine Arbeit bis weit in das 18. Jahrhundert ignoriert wurde. Seine Entdeckung der Differentialrechnung war allerdings revolutionär und ist bis heute in Physik, Chemie, Ingenieurswesen, Ökonomie, Soziologie und anderen Disziplinen unverzichtbar.

• Eine von den zwei erhalten gebliebenen Rechenmaschinen, von denen angenommen wird, dass sie zur Zeit Leibniz' gebaut wurden.

PI

Auf der weiterführenden Schule haben wir alle mit der Zahl Pi und seinem Symbol π Bekanntschaft gemacht. Wir kennen sie vielleicht als $^{22}/_{7}$ (was nur eine Annäherung ist) oder als abgerundete Zahl 3,14. Obwohl griechische Mathematiker einiges über π wussten, kannten sie sie nicht als eigenständige Zahl. Sie verstanden sie nur als Verhältnis von Umfang und Durchmesser eines Kreises.

Das Verhältnis von Durchmesser und Kreisumfang

Geometriker, die vor Jahrhunderten lebten, wussten schon, dass der Umfang eines Kreises ungefähr dreimal so groß ist wie sein Durchmesser. Im Papyrus Rhind wird π als $(^{16}/_{9})^2$ angegeben, was gerundet 3,16049 ergibt. Die Babylonier hatten herausgefunden, dass das Verhältnis etwas mehr als drei ist und arbeiteten mit $3\ ^{1}/_{8}$, was nahe bei $3\ ^{1}/_{7}$ liegt, das wir aus den Schulbüchern kennen. Im dritten Jahrhundert nach Christus konstruierte der chinesische Mathematiker Liu Hui ein 192-seitiges Vieleck in einem Kreis und machte dasselbe mit einem 3072-seitigen Vieleck, um π zu definieren. Er erhielt die Zahl 3,141024. Archimedes berechnete, dass der Wert von π zwischen $3\ ^{10}/_{71}$ und $3\ ^{1}/_{7}$ liegt. Frühe Geometer aus dem Altertum beschäftigten sich mit der Konstruktion von Vielecken mit Hilfe von Zirkel und Lineal. Archimedes benutzte diese Geräte, um den Umfang eines Kreises näherungsweise zu bestimmen, indem er einbeschriebene und umschreibende Vielecke konstruierte. Mit dem Sechseck kann einfach gestartet werden (siehe S. 20-21).

Wenn der Radius des Kreises 1 Einheit lang ist, ist der Außenrand des

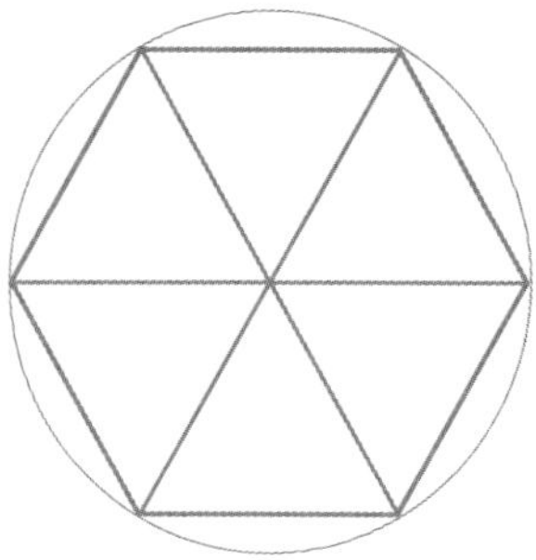

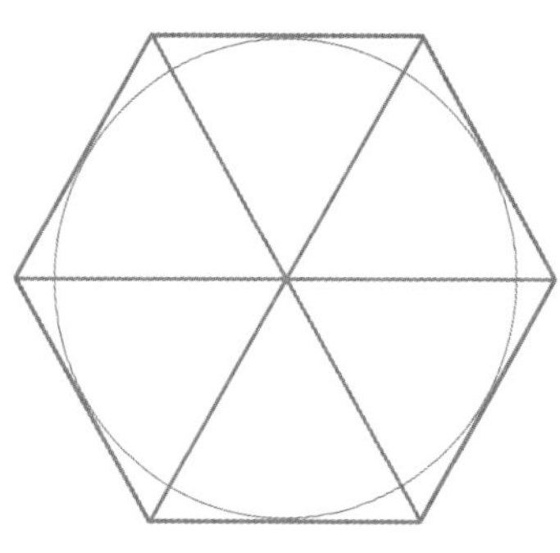

inneren Sechsecks 6 Einheiten lang, also ist der Umfang des Kreises länger als das Dreifache seines Durchmessers. Wir können mit dem Satz des Pythagoras die Länge der Seiten des umschreibenden Sechsecks R berechnen. Die Mitten der Sechseckseiten berühren den Kreis in ihrem Mittelpunkt, so dass sich folgendes Dreieck ergibt:

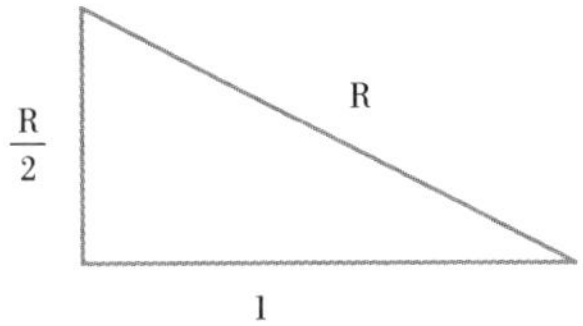

Anwendung des Satzes des Pythagoras

$$R^2 = \left(\frac{R}{2}\right)^2 + 1^2$$

$$R^2 = \frac{R^2}{4} + 1$$

$$3/4 R^2 = 1$$

$$R^2 = \frac{1}{3}$$

$$R = \frac{2}{\sqrt{3}}$$

Dies ergibt für R einen Wert von etwa 1,155. Also ist der Umfang des großen Sechsecks etwas weniger als 7 Einheiten lang und damit etwa das 3½-fache des Kreisdurchmessers. Archimedes war mit dem Verdoppeln der Seitenzahl eines Vielecks vertraut. Er konstruierte also 12-, 24-, 48- und letztlich 96-seitige Vielecke, um sich π anzunähern. Er benutzte eine ähnliche Methode, um die Kreisfläche zu bestimmen.

Moderne Berechnungen von π

Computer sind jetzt in der Lage, π auf Milliarden Dezimalstellen genau zu berechnen. Weil π eine irrationale Zahl ist, kann sie niemals bis auf die letzte Stelle exakt angegeben werden.

Einige Menschen sind bis zum Äußersten gegangen, um sich Dezimalstellen von π einzuprägen. Zum Zeitpunkt, als das vorliegende Buch (im Original) verfasst wurde, hielt der Chinese Chao Lu den Weltrekord, im November 2005 konnte er 67.890 Ziffern von π in 24 Stunden und 4 Minuten wiedergeben. Diejenigen von uns mit bescheideneren Absichten können eine Eselsbrücke nutzen: einen Satz, in dem die Buchstabenanzahl der Worte die ersten sechs Ziffern von π ergeben. Für praktische Zwecke reicht es aus, fünf Nachkommastellen zu kennen.

Eva o lieb, o süßer Herzedieb (3,14159).

Übung 14

Blumenbeete

DIE AUFGABE:

Jenny hat ein kreisförmiges Blumenbeet mit einem Rand von kleinen Holzblöcken gemacht. Sie beschließt, die Hälfte des Blumenbeetes zu behalten und die andere Hälfte in zwei kleine gleiche Halbkreise formen zu lassen.

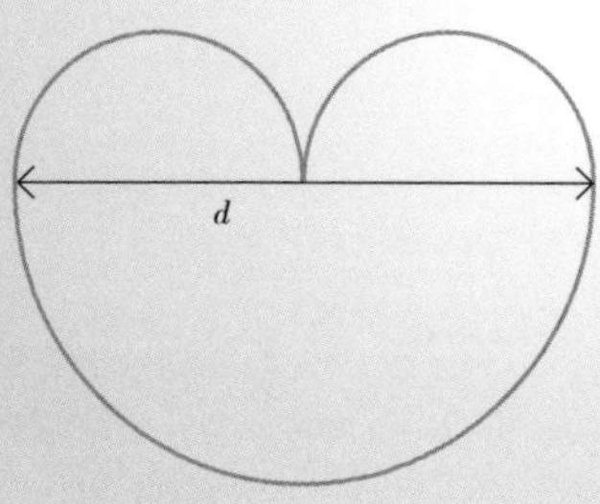

Wie viele Holzblöcke mehr benötigt sie für den Rand des neu geformten Blumenbeets?

DIE METHODE:

Der Umfang eines Kreises wird mit Hilfe der Formel πd berechnet, wobei d die Länge des Kreisdurchmessers sei: $\pi\frac{d}{2}$.

Die kleinen Halbkreise besitzen jeweils den Durchmesser $\frac{d}{2}$. Also ist der Umfang eines jeden dieser Halbkreise $\pi\frac{d}{4}$. Der Umfang dieser halben Kreise zusammen beträgt $\pi\frac{d}{2}$. Der Umfang des neuen Blumenbeets ist dann $\pi\frac{d}{2} + \pi\frac{d}{2} = \pi d$. Das ist derselbe Umfang, wie der des ursprünglichen kreisförmigen Beetes. Die vorhandenen Holzblöcke genügen auch für das neue Blumenbeet.

Vielleicht ist Jenny noch experimentierfreudiger. Warum nicht drei kleinere Halbkreise unterschiedlicher Größe an den Durchmesser des alten Halbkreises setzen? Wird der Umfang dieses Blumenbeetes derselbe sein wie ursprünglich?

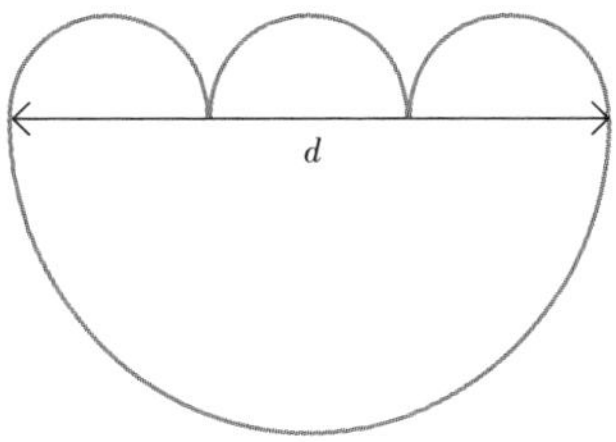

• Was ist das Verhältnis zwischen dem Umfang der drei kleineren halben Kreise und dem des großen?

Angenommen, drei neue kleine Halbkreise haben die Durchmesser: $d1$, $d2$ und $d3$. Ihr Gesamtumfang ist dann $\pi\frac{d1}{2} + \pi\frac{d2}{2} + \pi\frac{d3}{2} = \pi\ (d1 + d2 + d3)/2$. But $d1 + d2 + d3 = d$. Aber $d1 + d2 + d3 = d$, also der Gesamtumfang ist $\pi\frac{d}{2} + \pi\frac{d}{2} = \pi d$. Das ist erneut der gleiche Umfang wie der des ursprünglichen Kreises.

Warum sollten wir hier aufhören? Wie viele kleinere Halbkreise wir auch an den Durchmesser eines ursprüngli chen Kreises setzen, der gesamte Umfang wird immer derselbe sein, wie der des ursprünglichen Kreises.

Angenommen, dass eine unendliche Anzahl kleiner Halbkreise an den Durchmesser des alten Halbkreises gesetzt werden. Sie werden so klein sein, dass es scheint, als ob sie einfach eine gerade Linie entlang dem Durchmesser des Halbkreises bilden. Aber der Durchmesser des großen Halbkreises ist kleiner als der Rand der unendlichen Reihe kleinster Halbkreise. Welch ein Paradoxon!

Dieses Paradoxon ist kennzeichnend für die seltsamen Dinge, die passieren, wenn wir zu einer unendlichen Anzahl übergehen. Was für die reale Welt gilt, muss nicht mehr im Unendlichen gelten.

DIE LÖSUNG:

Jenny kann so viele kleine Halbkreise entlang dem Durchmesser des alten Halbkreises setzen, sie wird niemals mehr Holzblöcke benötigen als zuvor.

Übung 5

Denke an die Lücke

DIE AUFGABE:

Stellen Sie sich vor, dass der Planet Erde eine perfekte Kugel ist und so glatt wie ein Pingpongball. Rund um diese Kugel verläuft am Äquator ein Band.

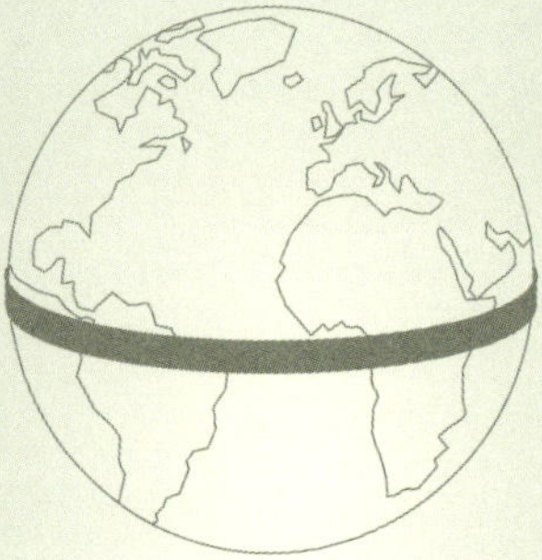

Das Band wird nun an einer Stelle durchgeschnitten und es wird ein Stück Band von 3 Metern eingefügt. Auf wundersame Weise hebt sich das Band gleichmäßig über den Äquator. Das Band schwebt jetzt, trotz der Schwerkraft, etwas oberhalb des Äquators, so dass eine Lücke zwischen der Erde und dem Band entsteht. Der Abstand zwischen dem Band und der Erde ist überall gleich groß. Kann etwas unter dem Band hindurchgeschoben werden, ohne am Band zu ziehen, so dass der Abstand größer wird? Ein Haar, ein Blatt Papier, eine Münze, ein Finger, eine Maus, eine Katze, ein Hund oder ein Pferd?

DIE METHODE:

Im Vergleich zur Gesamtlänge des Bandes, das um die Erde liegt, sind 3 Meter nur sehr wenig. Obwohl eine Lücke entstehen wird, sagt unsere Intuition, dass diese so gering sein wird, dass vielleicht nur ein Haar dazwischen passt. Lassen Sie uns den Abstand berechnen.

Angenommen, dass der Radius der Erde R Meter beträgt. Die ursprüngliche Länge des Bandes ist dann das π-fache des Durchmessers oder $\pi d = \pi(2R) = 2\pi R$.

Nachdem zur Länge des Bandes 3 Meter hinzugefügt wurden, wird der Radius etwas größer und zwar um die Höhe der Lücke. Lassen Sie uns diesen Abstand r nennen.

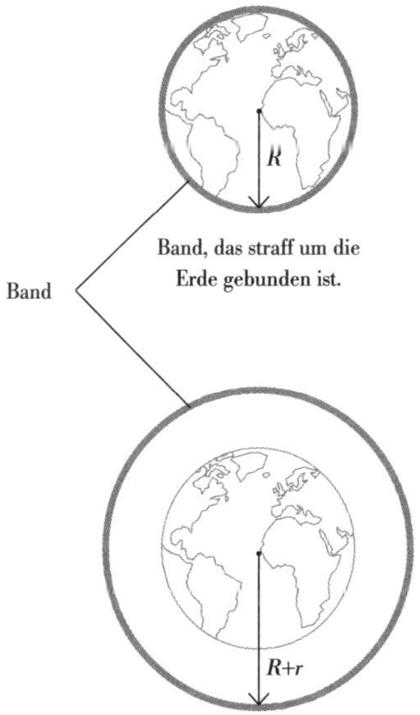

Band, das straff um die Erde gebunden ist.

Die Länge des Bandes nimmt um 3 Meter zu. Berechnen Sie r.

Der Radius des schwebenden kreisförmigen Bands ist also $R + r$ und der Umfang $2\pi(R + r)$, was 3 Meter mehr ergibt als die ursprüngliche Länge des Bandes, also:

$$2\pi(R + r) = 2\pi R + 3$$

Das Ausmultiplizieren ergibt:

$$2\pi R + 2\pi r = 2\pi R + 3$$

Subtrahiert man $2\pi R$ auf beiden Seiten der Gleichung, so ergibt sich

$$2\pi r = 3$$

$$r = \frac{3}{2\pi}$$

Das ergibt für r einen Wert von ungefähr 0,48 Meter, also fast einen halben Meter.

Der Wert von R, dem Radius der Erde, hat auf den Wert von r keinen Einfluss. Die Höhe der Lücke r ist unabhängig vom Radius der ursprünglichen Kugel. Legen Sie ein Band um einen Tennisball, fügen Sie dem Band 3 Meter hinzu und die Lücke, die entsteht, wird exakt genau so groß sein als wenn Sie es um die Sonne gelegt hätten.

DIE LÖSUNG:

Das Verlängern eines Bandes, das rund um eine Kugel gelegt ist, um 3 Meter erzeugt eine Lücke von etwa einem halben Meter Höhe, unabhängig von der Größe der Kugel.

René Descartes

René Descartes war ein französischer Philosoph, Mathematiker und Wissenschaftler, bekannt als Vater der modernen Philosophie durch seinen Ausspruch *cogito ergo sum* („Ich denke, also bin ich.“).

Sein wichtigstes mathematisches Werk, *Die Geometrie*, zeigt, wie geometrische Formen mit Hilfe von Algebra analysiert werden können, und zwar mit Koordinaten zur Abbildung von Punkten in einer Ebene. Die Koordinaten nennen wir kartesische Koordinaten, nach dem lateinischen Namen Descartes:' Renatus Cartesius.

Das Leben Descartes'

Descartes lebte von 1596 bis 1650. Er wurde in La Haye in Frankreich geboren, einer Stadt in der Nähe von Tours, die 1967 in „Descartes“ umbenannt wurde. Seine Mutter starb, als er gerade ein Jahr alt war. Weil er eine schwache Gesundheit hatte, durfte er jeden Morgen bis 11 Uhr im Bett bleiben. Diese Gewohnheit sollte er sein Leben lang beibehalten.

Descartes bekam Unterricht bei den Jesuiten und später an der Universität von Poitiers, wo er das Jurastudium abschloss. Im Jahr 1617 trat er in den Dienst von Prinz Moritz von Oranien. Er zog nach Breda und danach nach Bayern, wo er am dreißigjährigen Krieg teilnahm.

Im Jahr 1618 hatte Descartes einige klare Träume, die er als ein Zeichen interpretierte, sein Leben in den Dienst der Weisheit und der Wissenschaft zu stellen. Er studierte in seiner spärlichen Freizeit Mathematik, Mechanik und Philosophie. Wenn er in Breda war, arbeitete er zusammen mit dem Mathematiker und Medizinstudenten Isaac Beekman. Dessen Tagebücher zeigen eine außergewöhnlich große Vielfalt an Ideen, an denen Descartes arbeitete: die Mathematik beim Stimmen der Saiten einer Laute; mit Algebra das Bewegen schwerer Objekte im Wasser zu berechnen, die Vorhersage der Geschwindigkeitszunahme eines fallenden Bleistifts im Vakuum, und andere Ideen. Descartes war 22 Jahre alt, als er Beekman schrieb, dass alle Geometrie in Achsen, Linien und Kurven ausgedrückt werden kann.

Im Jahr 1621 kündigte er bei der Armee und reiste fünf Jahre lang durch Europa, meist Mathematik studierend und die bedeutendsten Intellektuellen seiner

• **Descartes' Schriften**

Sein erstes und wichtigstes, wissenschaftliches Werk war Le Monde, *das auf den Werken des Copernicus basierte. Im Jahr 1634 wollte Descartes dieses Werk publizieren, als er erfuhr, dass Galileo verhaftet wurde. Er fürchtete um seine eigene Sicherheit und sah ab von der Publikation. Im Jahr 1637 publizierte er* Über die Methode *und* Geometrie. *In* Meditationen *aus dem Jahr 1641 legte er seine philosophischen Ideen dar. Er schrieb noch mehr Werke über verschiedene Themen, darunter der menschliche Körper, Musik und Mechanik.*

Zeit treffend. Er verkaufte den Familienbesitz, investierte den Erlös, und sicherte sich so lebenslange Einkünfte. Im Jahr 1628 ließ er sich in der Republik der Niederlande nieder, wo er zwanzig Jahre lebte.

Descartes starb im Jahr 1650 an einer Lungenentzündung, als er sich in Schweden als Lehrer von Königin Christina verdingte.

Descartes' Geometrie

Descartes schlug vor, die Disziplinen Algebra und Geometrie zu verbinden, die zu seiner Zeit als separate Disziplinen betrachtet wurden. In seinen Schriften führte er die Analytische oder Kartesische Geometrie ein, worin geometrische Formen zu algebraischen Gleichungen umgesetzt werden. Seine Ideen trugen zu denen von Leibniz und Newton bei und halfen bei der Entwicklung der Infinitesimalrechnung.

Die Analytische Geometrie nutzt zwei senkrecht aufeinander stehende Zahlengeraden, um ebene Figuren zu beschreiben. Mit den Mitteln der Algebra können diese ebenen Figuren geändert werden. Sie können verschoben, rotiert, gespiegelt und skaliert (vergrößert oder verkleinert) werden, und das alles in Koordinaten-Notation.

Um das grüne Dreieck mit den Koordinaten der Eckpunkte (1,1) (3,1) (1,4) zu verschieben, muss jedes Koordinatenpaar auf dieselbe Art und Weise additiv verändert werden: (1 + X, 1 + Y) (3 + X, 1 + Y) (1 + X, 4 + Y). Die x-Koordinaten werden durch Addition von X verändert, die y-Koordinaten durch Addition von Y. Um das grüne Dreieck auf die Position des blauen zu verschieben, verändern wir nicht seine Position auf der y-Achse, aber wir verschieben das Dreieck 4 Einheiten nach links. Nach links ist die negative Richtung, also ist: X = -4 und Y = 0.

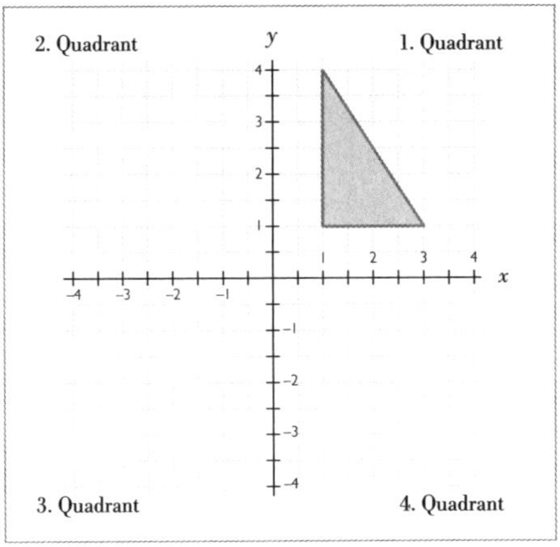

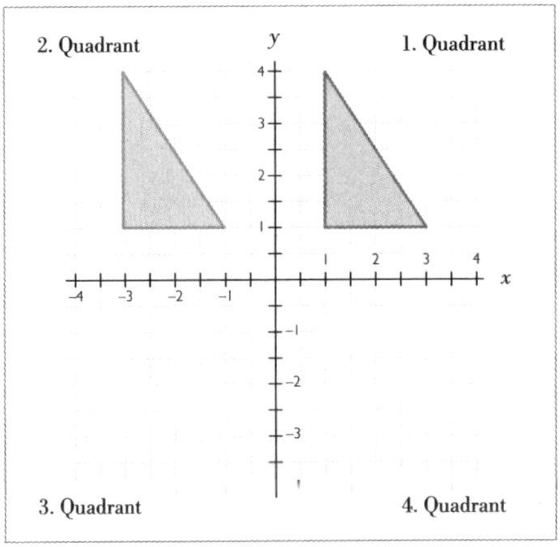

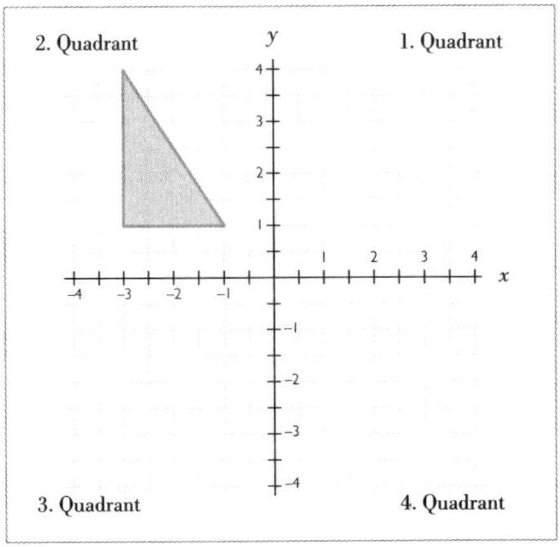

KEGEL

Wir kennen wohl alle das Licht, das durch einen runden Lampenschirm an Wand und Decke geworfen wird. Die Lampe wird einen größeren, kreisförmigen Lichtfleck an die Decke werfen, aber wenn man die Lampe kippt, ist der Lichtfleck nicht mehr kreisförmig. Dicht an einer Wand werden zwei gebogene Kurven projiziert, eine unter und eine über der Lampe. Beide sind keine Kreise sondern Kegelschnitte, obwohl sie das Bild kreisförmiger Ränder des Lampenschirms sind. Das Studium der Kegelschnitte seit dem Jahr 800 befruchtete Mechanik und Astronomie.

Kegelschnitte

Kegelschnitte sind Schnittflächen von Ebenen mit einem Doppelkegel, die wie zwei Eistütchen aussehen, die mit ihren Spitzen aufeinander stehen (siehe die Zeichnung unten). Ein Kreis entsteht, wenn eine horizontale Ebene den Kegel schneidet. Wenn diese Ebene den Kegel schräg schneidet, dann entsteht eine ovale Form: eine Ellipse. So ist ein Kreis eine spezielle Ellipse.

Ellipsen entstehen als Schnittflächen mit nur einem Kegel. Wenn die Ebene beide Kegel schneidet, entstehen zwei abgeschnittene „Ellipsen" oder Hyperbeln. Abweichend von Ellipsen, die geschlossene Kurven darstellen, zerfällt die so erzeugte Kurve in zwei Teile, die ins Unendliche führen. Zusammen werden diese Kurven als Hyperbel bezeichnet.

Neben den Ebenen, die zu Ellipse und Hyperbel führen, gibt es noch weitere Ebenen, die nur einen Kegel schneiden (siehe die Zeichnung unten rechts). Es entsteht eine offene, unendliche Kurve: die Parabel. Die Ebene, die zur Parabel führt, läuft parallel zur gekrümmten Oberfläche des zweiten Kegels.

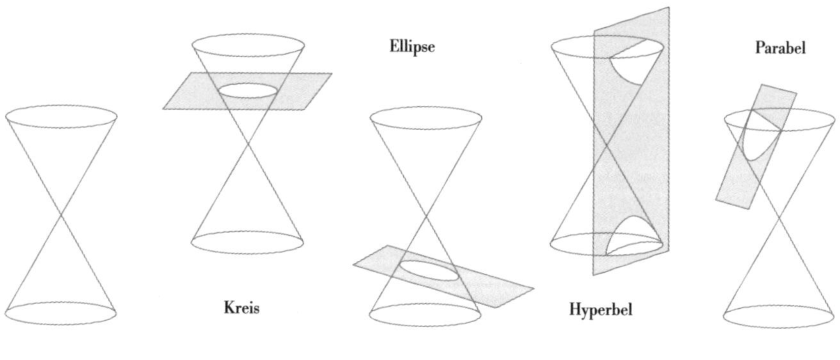

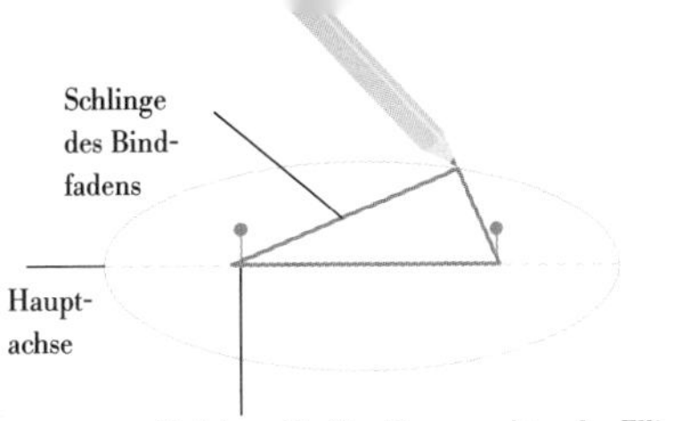

Brennpunkte

Kegelschnitte können auch durch Verfolgen der Bewegung eines Punktes in der Ebene beschrieben werden. Stechen Sie zwei Nadeln in ein Stück Karton, legen Sie einen an den Enden zusammengebundenen Faden um die Nadeln und ziehen Sie die Schlinge mit einem Bleistift stramm. Belassen Sie die Schlinge stramm und ziehen Sie mit dem Bleistift eine Kurve. Auf diese Weise entsteht eine Ellipse.

Weil die Länge des Bindfadens sich nicht verändert, wird jeder Punkt auf dem Umfang der Ellipse die gleiche Summe der Abstände zu den zwei Nadeln zeigen. Die Punkte, die durch die Nadeln markiert werden, werden die Brennpunkte der Ellipse genannt. Wenn diese Punkte aufeinander zu bewegt werden, wird die Ellipse immer mehr einem Kreis gleichen, bis die Brennpunkte zusammenfallen und tatsächlich ein Kreis entsteht.

Eine andere Konstruktion ergibt eine Parabel. Die Punkte einer Parabel haben zu einem festen Punkt, dem Brennpunkt, und einer Geraden, der Leitlinie, stets den gleichen Abstand. Hierbei wird der Abstand zu einer Geraden als die Länge des Lots auf diese Gerade definiert.

Eine Parabel ist einfach zu erzeugen: werfen Sie einen Ball in einem Bogen zu einem Partner. Die Bahnkurve des Balls beschreibt einen Teil einer Parabel. Rasierspiegel und TV-Schüsseln sind

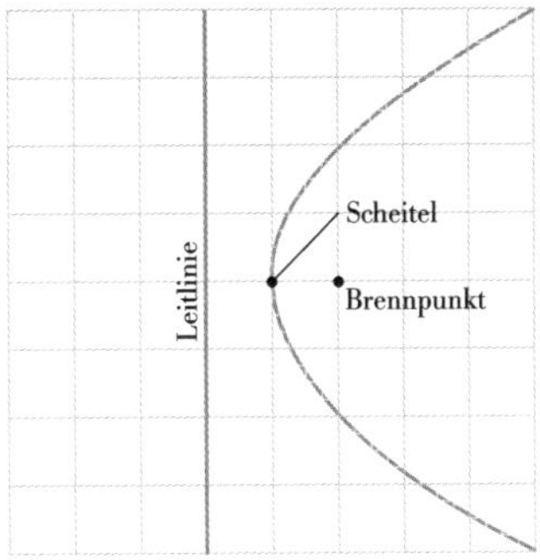

• Der Abstände eines Punkts auf einer Parabel zum Brennpunkt und zur Leitlinie sind immer gleich.

Flächen, die durch rotierende Parabeln entstehen und Licht- oder Radiosignale in ihrem Brennpunkt sammeln.

Kettenlinie

Die Kurve einer Kette oder einer Schnur, die zwischen zwei Punkten befestigt ist, um zum Beispiel einen Weg abzuschließen, gleicht einer Parabel. Galileo behauptete, dass eine solche Kurve in der Tat als eine Parabel angesehen werden kann. Aber der deutsche Mathematiker Joachim Jungius bewies im Jahr 1669, dass Galileo nicht Recht hatte. Diese Kurve wurde sogar zum Thema einer öffentlichen Ausschreibung, aufgestellt im Jahr 1690 von Johann Bernoulli. Ein Jahr später wurde diese Aufgabe von vier Mathematikern, darunter Bernoulli selbst, gelöst. Die Kurve wurde unter dem Namen Kettenlinie bekannt.

• Die Kurve, die eine Schnur bildet, die zwischen zwei Punkten befestigt wird, gleicht einer Parabel, unterscheidet sich aber doch davon.

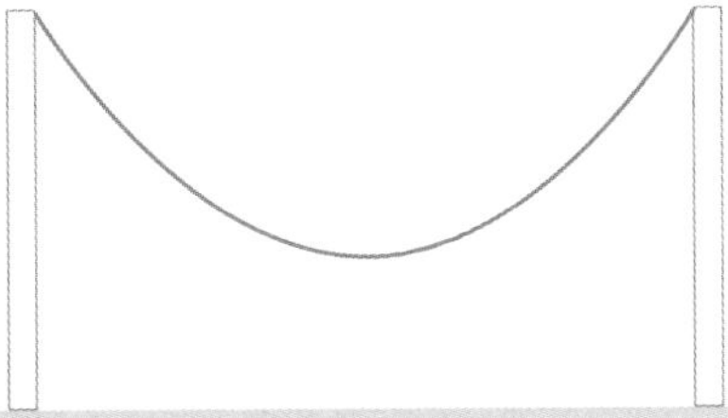

Kapitel

2

Kronjuwelen

Der Astronom Johannes Kepler behauptete, dass die Geometrie reich an zwei großartigen Kostbarkeiten sei: Die erste sei der Satz des Pythagoras, die zweite der Goldene Schnitt. Er verglich sie mit einem Goldbarren und einem wertvollen Juwel. Wir werden diese beiden Schätze in diesem Kapitel untersuchen.

GEOMETRISCHE STABILITÄT

Durch den Menschen erstellte Objekte, wie Backsteine, Fenster und Laternenpfähle, sehen oft so aus, als wären sie aus vertikalen und horizontalen Linien aufgebaut. Das Rechteck scheint die fundamentale geometrische Form zu sein. Es ist aber das einfache Dreieck, das der Welt um uns ihre Struktur verleiht.

Die Stärke des Dreiecks

Das Dreieck ist aus drei Seiten aufgebaut und die einzige einfache Struktur, deren Form sich nicht verändert, wenn Druck auf seine Ecken ausgeübt wird. Das kann ganz einfach anhand eines Dreiecks aus Strohhalmen demonstriert werden. Sie können die drei Strohhalme mit einem Bindfaden miteinander verbinden und so eine stabile Form herstellen. Versuchen Sie die Form des Dreiecks zu verändern, indem Sie einen Eckpunkt bewegen. Mit vier Strohhalmen können Sie ein Quadrat erzeugen. Diese Form ist aber nicht stabil und kann ganz einfach einer Raute (auch Rhombus genannt, das Quadrat ist der Spezialfall mit vier rechten Winkeln) verformt werden. Die einzige Methode, um das Quadrat stabil zu halten, ist das Anbringen einer Diagonalen. Hierdurch entstehen aber zwei Dreiecke.

An den meisten Gebäuden kann man nicht direkt erkennen, dass sie aus Dreiecken aufgebaut sind, aber es gibt zwei Objekte, deren zugrundeliegende Struktur deutlich zu sehen ist: Freileitungsmasten und (Hebe-)Kräne.

Ähnlichkeit und Kongruenz

Sind die zwei Dreiecke am Ende der Seite gleich? Die Antwort hängt davon ab, was wir mit „gleich“ meinen. Beide sind gleichseitige Dreiecke und im Sinne, dass sie vom gleichen Typ sind, lautet die Antwort „ja“. Stellen Sie sich vor, man würde sie ausschneiden und aufeinanderlegen. Dann wird deutlich, dass das eine größer ist als das andere.

• Das Quadrat ist keine stabile Struktur und kann ganz einfach verformt werden.

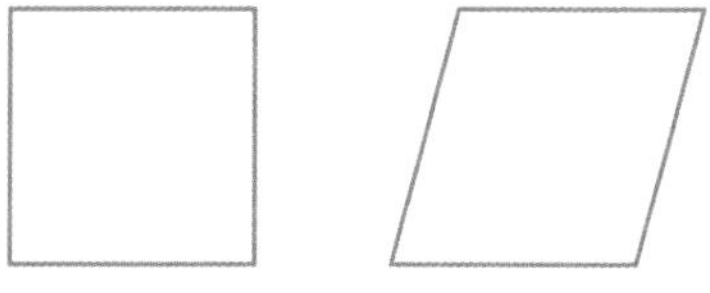

• Alle gleichseitigen Dreiecke sind mathematisch einander ähnlich.

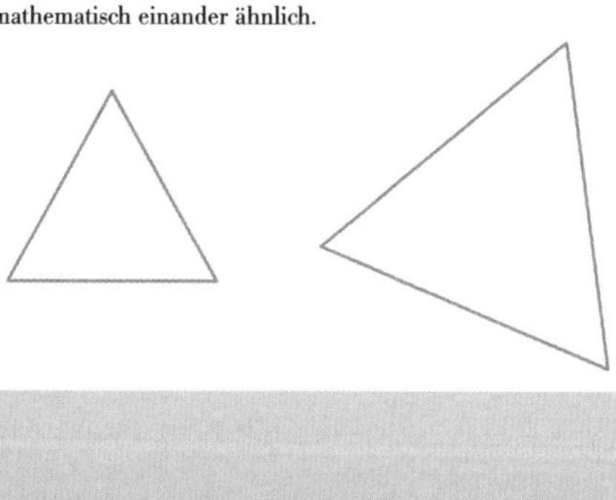

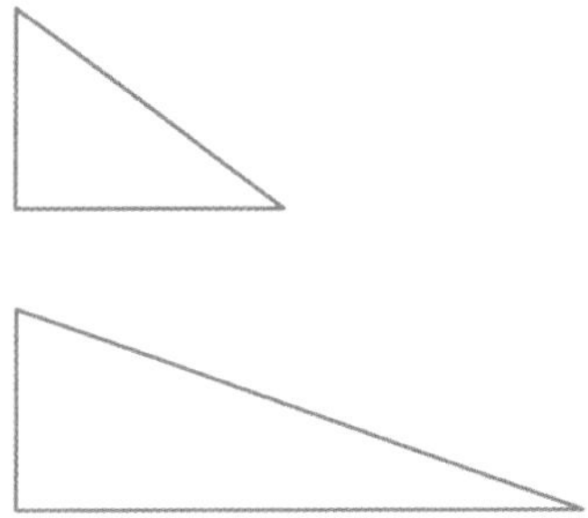

• Obwohl diese Dreiecke miteinander gleich sind in der Hinsicht, dass sie beide einen rechten Winkel haben, sind sie mathematisch nicht gleich.

In dieser Hinsicht sind sie nicht identisch. (Ein Philosoph könnte vielleicht argumentieren, dass, weil hier offensichtlich die Rede von zwei Dreiecken ist, es Unsinn ist zu behaupten, dass sie „gleich“ seien, wir sind aber an der mathematischen Bedeutung interessiert.) Um feststellen zu können, ob zwei Dreiecke gleich sind, unterschieden Mathematiker zwischen den Formen, die gleichförmig oder kongruent sind.

Figuren sind mathematisch kongruent, wenn sie in jeder Hinsicht miteinander übereinstimmen (bis auf die Lage). D. h. sie sind kongruent, wenn es die Möglichkeit gibt, sie so übereinander zu legen, dass ihre Konturen zusammenfallen.

Figuren sind mathematisch ähnlich, wenn die eine Figur, ohne dass sich die Proportionen ändern, so vergrößert oder verkleinert werden kann, dass sie und die andere Figur kongruent sind. Es besteht ein optischer Trick, den wir nutzen können, um das Obenstehende zu verdeutlichen. Schneiden Sie die beiden Dreiecke aus. Halten Sie das kleinere in der einen Hand und das größere in der anderen. Schließen Sie ein Auge und positionieren Sie das kleinere Dreieck so, dass es optisch mit dem größeren zusammenfällt.

Wir verwenden in der Mathematik das Wort „gleich“ auf eine andere, genauere Art und Weise als in unserem alltäglichen Sprachgebrauch. Wir können sagen, dass die Dreiecke hier oben gleich sind, weil beide einen rechten Winkel besitzen, aber mathematisch sind sie nicht gleich: das kleinere kann nicht so skaliert werden, dass es genau auf das größere passt, ohne dass sich die Verhältnisse seiner Seiten verändern. Alle Quadrate sind aber einander ähnlich, dasselbe gilt für Kreise.

• Geometrische Stabilität

Seit Jahrhunderten weiß man, dass das Dreieck für stabile Strukturen geeignet ist. Denken Sie an den Entwurf von Zelten. Auch das Design geodätischer Kuppeln basiert auf dreieckigen Elementen, die so verbunden sind, dass Druck über die gesamte Konstruktion verteilt wird. Computer-gestützte Entwürfe erlauben genaueste Berechnungen für die Errichtung von Bauwerken mit wachsender struktureller Komplexität.

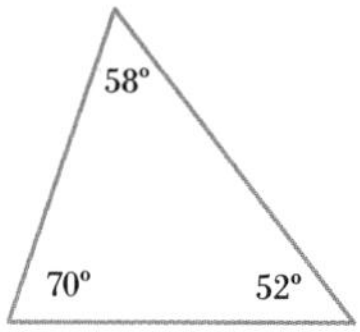

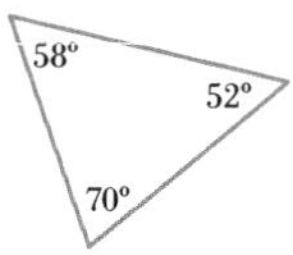

• Wenn man feststellen will, ob zwei Dreiecke gleichförmig sind, müssen die Winkel miteinander verglichen werden.

Prüfen der Ähnlichkeit von Dreiecken

Dies ist einfach. Wenn die Winkel von zwei Dreiecken gleich sind, dann sind die Dreiecke selbst ähnlich, ungeachtet der Länge der Seiten. Wir brauchen also nur zu prüfen, ob zwei Dreiecke zwei gleiche Winkel besitzen. Da die Winkelsumme im ebenen Dreieck stets 180° beträgt, muss der dritte Winkel beider Dreiecke dann auch gleich sein. Es ist unerheblich, wo die Winkel in den Dreiecken positioniert sind: durch Spiegeln und Drehen eines der Dreiecke, können die Winkel in die gleiche Reihenfolge gesetzt werden.

Prüfen der Kongruenz von Dreiecken

Das ist etwas schwieriger. Es gibt vier Tests, die angewandt werden können, abhängig von der verfügbaren Information über die beiden Dreiecke. Die Tests sind: Seite, Seite, Seite (SSS); Seite, Winkel, Seite (SWS); Winkel, Seite, Winkel (WSW); rechter Winkel, Hypotenuse, Seite (RSS).

SSS

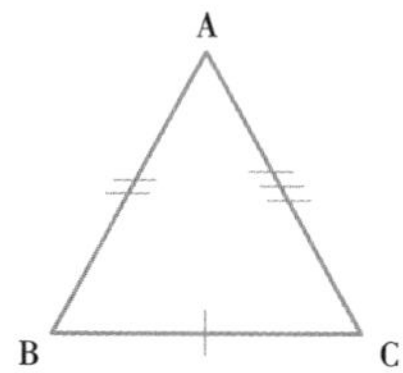

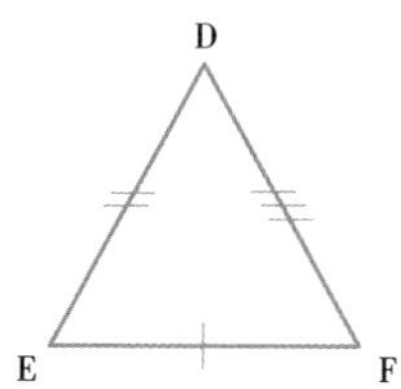

KONGRUENTE VIERECKE

Traditionell werden die Tests auf geometrische Kongruenz nur für einfache Figuren angewandt. Wahrscheinlich haben Sie früher in der Schule vor allem die Kongruenz von Dreiecken geprüft. Jenseits dieser beschränkten Sicht ist Kongruenz aber für jedes Figurenpaar definiert. Wie wir sehen werden, sind zwei Dreiecke kongruent, wenn die drei Seiten beider Dreiecke dieselbe Länge besitzen. Es gibt aber eine bedeutende Ausnahme: zwei Dreiecke, die zusammen ein Viereck formen, können Seiten mit denselben Längen haben und doch nicht kongruent sein.

Wenn wir wissen, dass die Längen der drei Seiten in den Dreiecken übereinstimmen, müssen die Dreiecke kongruent sein.

SWS

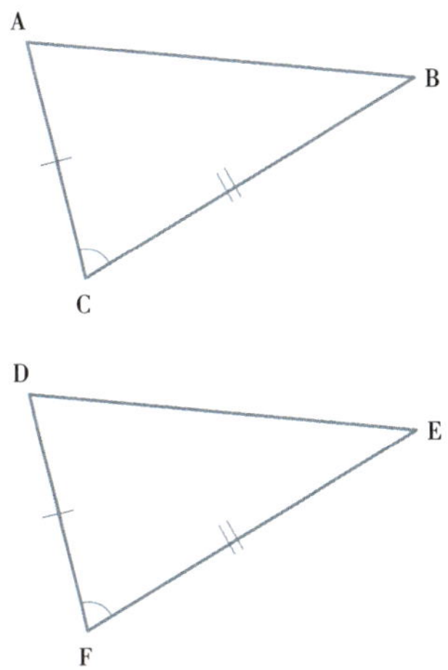

Wenn wir wissen, dass zwei Seiten UND der eingeschlossene Winkel in den Dreiecken gleich sind, dann müssen die Dreiecke kongruent sein.

WSW

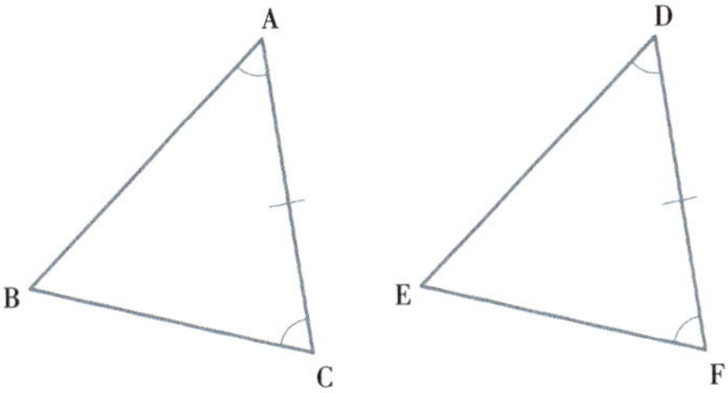

Wenn wir wissen, dass zwei Winkel UND die Länge der Seite zwischen diesen Winkeln in zwei Dreiecken übereinstimmen, dann müssen die Dreiecke kongruent sein.

RSS

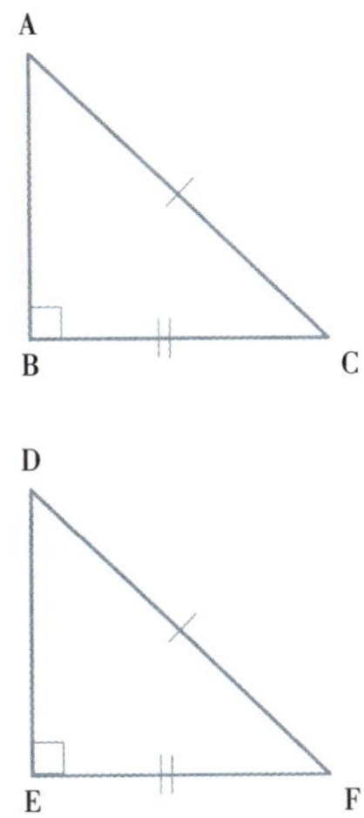

Wenn wir wissen, dass in zwei rechtwinkligen Dreiecken die Länge einer Kathete UND die Länge der Hypotenuse übereinstimmen, dann müssen die Dreiecke kongruent sein.

Diese Kongruenztests sind die Grundlage vieler geometrischer Beweise, wie wir bei den folgenden Übungen sehen werden. Dafür brauchen wir nicht die tatsächliche Größe der Winkel oder die Seitenlängen zu kennen. Wir können durch logische Begründung beweisen, dass sie gleich sind.

Übung 6

Im Garten

DIE AUFGABE:

Felicitas legt ihren Garten an. Dort stehen drei schattenspendende Eichen und sie fragt sich, ob es möglich ist, eine kreisförmige Terrasse anzulegen, an deren Rand sich die drei Eichen befinden sollen. Kann Felicitas einen solchen Kreis konstruieren und wo befindet sich dessen Mittelpunkt? Sie hat nur einen Zirkel, ein Lineal und eine Schnur zur Verfügung.

DIE METHODE:

Die Frage besteht aus zwei Teilen. Erstens: wenn es drei Punkte gibt, kann dann immer ein Kreis konstruiert werden, auf dessen Umfang sich die drei Punkte befinden? Die zweite Frage ist ein Konstruktionsproblem: wenn so ein Kreis möglich ist, wie können wir ihn dann konstruieren? Der erste Teil der Frage macht Probleme, wenn die drei Punkte auf einer Geraden liegen (kollinear sind). Ein Gedankenexperiment, bei dem wir versuchen, uns vorzustellen, wie der Umfang eines Kreises diese drei Punkte berühren kann, überzeugt uns davon, dass dies unmöglich ist.

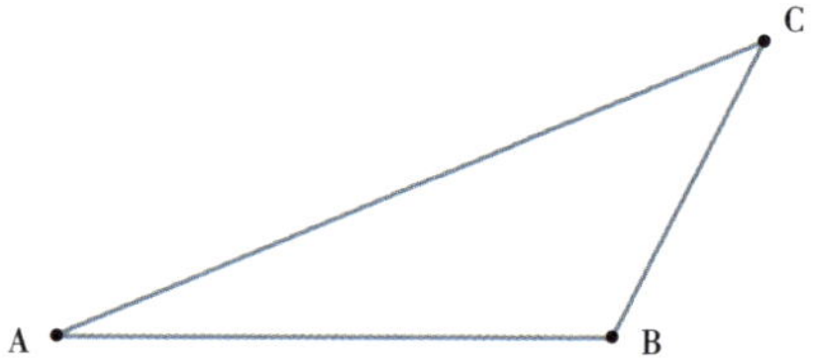

Was ist, wenn die drei Punkte nicht kollinear sind? Wir deuten die Bäume mit A, B und C an und verbinden sie durch gerade Linien miteinander, so dass ein Dreieck entsteht.

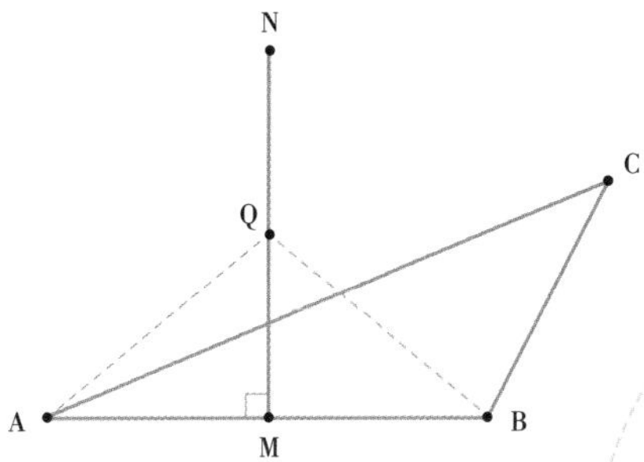

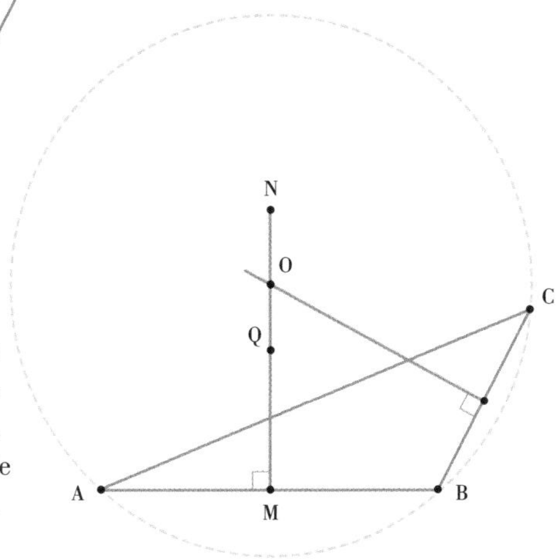

Wir wenden unsere Aufmerksamkeit der Seite AB zu und konstruieren eine Mittelsenkrechte zu dieser Seite (siehe S. 14-15). Wir nennen die Gerade MN. Jeder Punkt auf MN (Q) wird von A wie von B gleich weit entfernt sein, wie im obigen Diagramm zu sehen ist. Wir können das auch beweisen, indem wir nach kongruenten Dreiecken suchen (siehe S. 44-45). ΔAMQ und ΔBMQ sind kongruent (SWS), also hat AQ dieselbe Länge wie BQ.

Der Umfang eines Kreises mit dem Mittelpunkt Q und dem Radius AQ wird also sowohl durch A wie auch durch B verlaufen. Wir müssen das aber auch für C sicherstellen! Um das zu erreichen, führen wir dieselbe Konstruktion auf der Seite BC durch. Die zwei Mittelsenkrechten werden sich irgendwo schneiden (nennen wir diesen Punkt O), also ist OB = OC. Da auch OA = OB, wird der Kreis mit dem Mittelpunkt O und dem Radius OA durch die Punkte A, B und C verlaufen. Indem wir bewiesen haben, dass es einen Kreis gibt, der durch die drei nichtkollinearen Punkte A, B und C verläuft, haben wir auch gleich gezeigt, wie man ihn konstruiert. Felicitas kann also mit den vorhandenen Mitteln den Mittelpunkt eines Kreises konstruieren, auf dessen Umfang die Bäume stehen (solange diese nicht kollinear sind). Und die Schnur? Die benötigt sie, um den Kreis zu ziehen.

DIE LÖSUNG:

Der so konstruierte Kreis ist als Umkreises eines Dreiecks bekannt. Punkt O ist dabei Umkreismittelpunkt zum Dreieck.

Übung 1

Wirf nichts weg

DIE AUFGABE:

Robert ist Möbelschreiner. Ein Kunde bittet ihn, aus einer dreieckigen Tischplatte eines Beistelltischs eine größtmögliche kreisförmige Tischplatte zu machen. Wie kann Robert den gewünschten Kreis nur mit einem Lineal und einem Zirkel konstruieren?

DIE METHODE:

Robert kann natürlich einfach einen Kreis aussägen, aber wie sorgt er dafür, dass dieser so groß wie möglich ist? Der Schlüssel für die Lösung liegt im Halbieren der Dreieckswinkel.

Wir nennen die Ecken der dreieckigen Tischplatte A, B und C und halbieren erst den Winkel in A, wodurch wir die Winkelhalbierende erzeugen (siehe S. 15).

Ist es so, dass sich jeder Punkt (sprich: Q) auf der Winkelhalbierenden im selben Abstand zur Seite AB wie zur Seite AC befindet? Die Intuition sagt, dass das stimmt, aber wir wollen es beweisen. Der Abstand von Q zu einer Seite ist die Länge einer Strecke, die von Q aus senkrecht auf der betreffenden Seite steht (das Lot). Wir können die zwei Lote konstruieren und den Winkeln Namen geben.

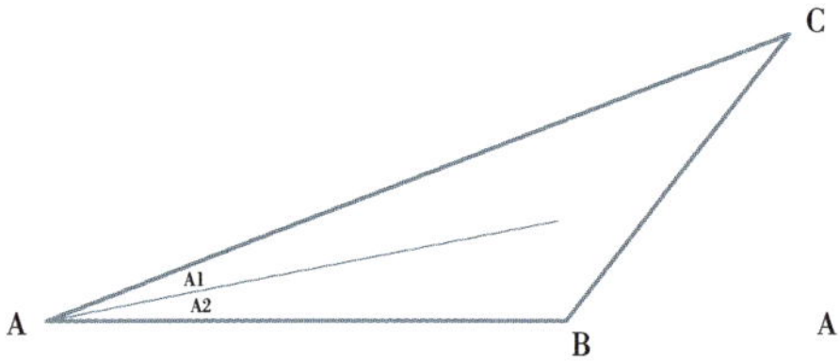

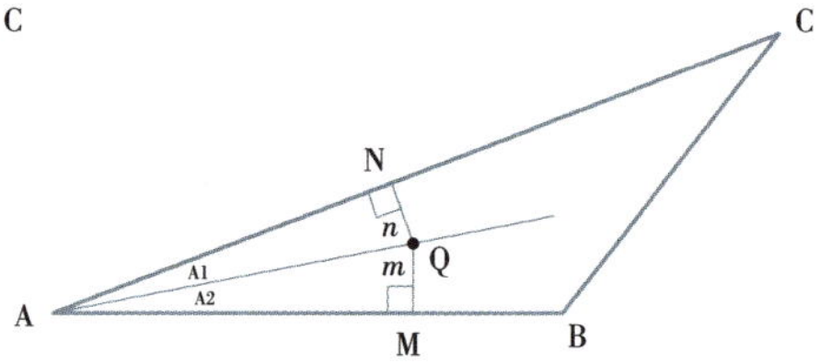

Ist QM gleich QN? Die Kongruente von Dreiecken ist unsere Rettung? Beide Dreiecke ΔAMQ und ΔANQ besitzen jeweils einen rechten Winkel, also ist dann $m = 180° - 90° - A_1$ (denn die Winkelsumme im Dreieck ist immer 180° und $n = 180° - 90° - A_2$. Aber aus $A_1 = A_2$, folgt $m = n$. AQ ist in beiden Dreiecken ΔAMQ und ΔANQ identisch. Dann sind ΔAMQ und ΔANQ kongruente Dreiecke (WSW) und damit QM = QN.

Wir konstruieren nun zum Winkel in B ebenfalls die Winkelhalbierende und markieren den Schnittpunkt der beiden Winkelhalbierenden mit I.

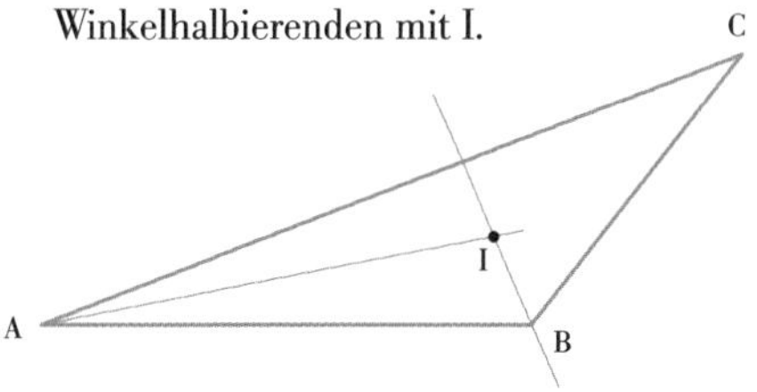

Intuitiv glauben wir, dass die Gerade von C zu I ebenfalls für eine Halbierung des Winkels in C sorgt. Aber das sollten wir zunächst prüfen.

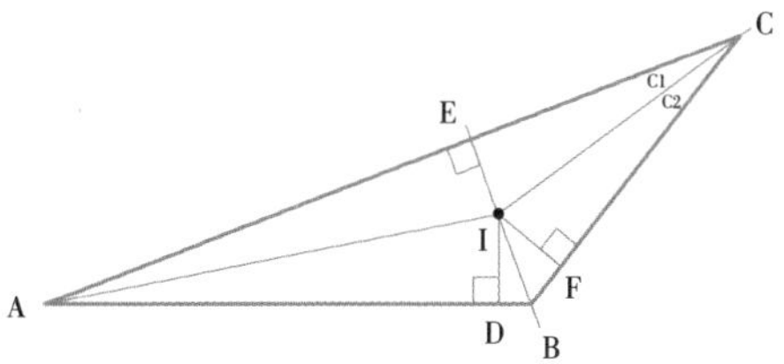

Weil I auf der Winkelhalbierenden von B liegt, befindet er sich genauso weit von der Seite AB wie von BC entfernt und darum sind IF und ID gleich lang. Wir wissen dies auch schon für die Strecken ID und IE. Also gilt dies auch für die Strecken IF und ID. Sie dürfen selbst herausfinden, warum ΔCEI und ΔCFI kongruent sind (denken Sie an RHS oder SWS) und so feststellen, dass $c_1 = c_2$.

Das wichtigste ist, dass wir gesehen haben, dass Punkt I im gleichen Abstand zu allen drei Seiten des Dreiecks liegt. Mit diesem Mittelpunkt kann ein Kreis gezogen werden, der jede Seite berührt (in den Punkten D, E und F). Das ist der größtmögliche Kreis, der in das Dreieck passt.

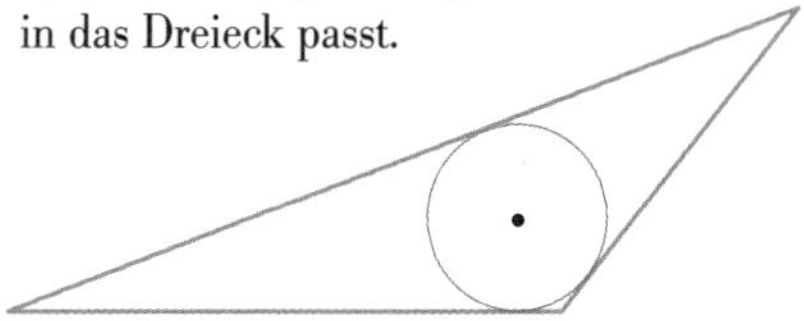

DIE LÖSUNG:

Der Kreis, den wir in dieser Übung konstruiert haben, wird Inkreis des Dreiecks genannt und Punkt I ist der Inkreismittelpunkt.

DIE EULER'SCHE GERADE

In den vorstehenden zwei Übungsaufgaben fanden wir zwei wichtige Punkte zu Dreiecken: O, den Umkreismittelpunkt und I, den Inkreismittelpunkt. Der Umkreismittelpunkt ist der Schnittpunkt der Mittelsenkrechten. Der Inkreismittelpunkt der Schnittpunkt der Winkelhalbierenden.

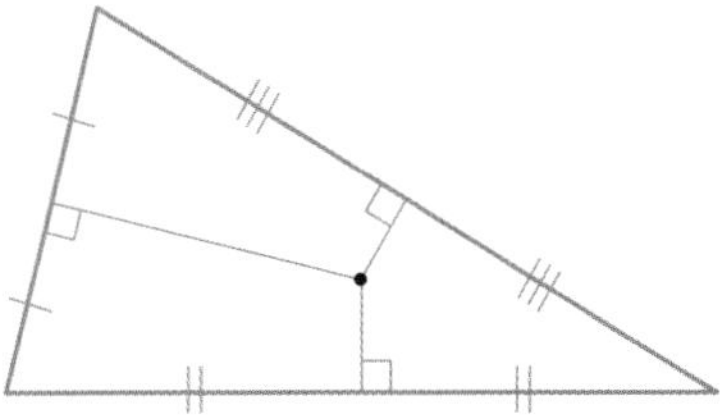

• O, der Umkreismittelpunkt ist der Schnittpunkt der Mittelsenkrechten.

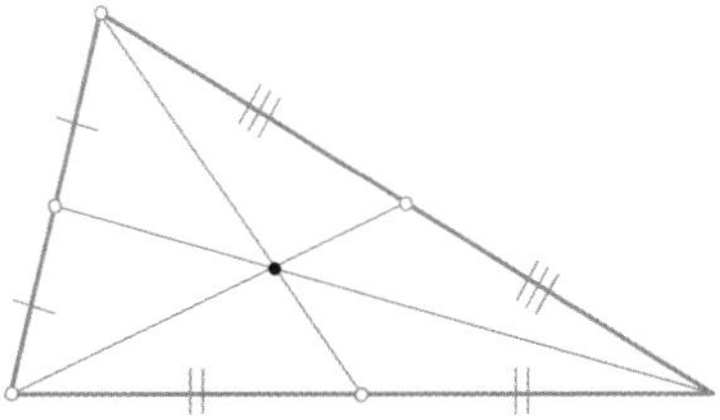

• G, der Schwerpunkt des Dreiecks, ist Schnittpunkt der Seitenhalbierenden, d. h. die Verbindungslinien von Seitenmittelpunkten und jeweils gegenüberliegendem Eckpunkt.

Diese Punkte sind nicht die einzigen „Mittelpunkte", die ein Dreieck besitzen kann: mathematisch gesehen gibt es Hunderte davon. Allerdings sind zwei andere Punkte noch besonders interessant. Angenommen, Sie wollen ein Dreieck, das Sie aus einem Stück Karton ausgeschnitten haben, mit einer Schnur an der Decke befestigen. Wo müssen Sie die Schnur befestigen, so dass die Dreiecksfläche waagrecht hängenbleibt? Oder ein anders Beispiel: wo würden Sie einen Bleistift unter ein Dreieck aus Karton setzen, damit das Dreieck auf dem aufrecht stehenden Bleistift balanciert?

Der Punkt, den wir versuchen zu finden, ist der sogenannte Schwerpunkt des Dreiecks. Er wird allgemein mit G (siehe Zeichnung oben) bezeichnet. Der Schwerpunkt eines Dreiecks (G) ist der Schnittpunkt der Geraden, die von jedem Eckpunkt aus zu der Mitte der gegenüberliegenden Seite verlaufen. Diese Geraden werden auch Seitenhalbierende oder Mediane genannt. Ergänzend können wir auch die drei Linien konstruieren, die durch einen Eckpunkt verlaufend senkrecht auf der gegenüberliegenden Seite stehen. Diese Linien werden auch Höhen genannt. Diese drei Linien schneiden sich auf dem Höhenschnittpunkt (H). Drei von diesen ausgezeichneten Punkten – O, der Mittel-

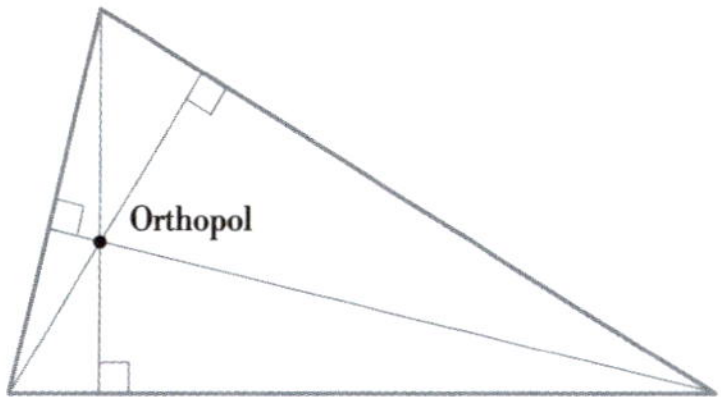

• H, der Höhenschnittpunkt, in dem sich die Lote der Eckpunkte schneiden.

punkt des Umkreises eines Dreiecks, G, der Schwerpunkt und H, der Höhenschnittpunkt – scheinen auf einer Geraden zu liegen. Diese wird Euler'sche Gerade genannt. Die Euler'sche Gerade eines Dreiecks verläuft durch den Höhenschnittpunkt, den Umkreismittelpunkt und den Schwerpunkt des Dreiecks.

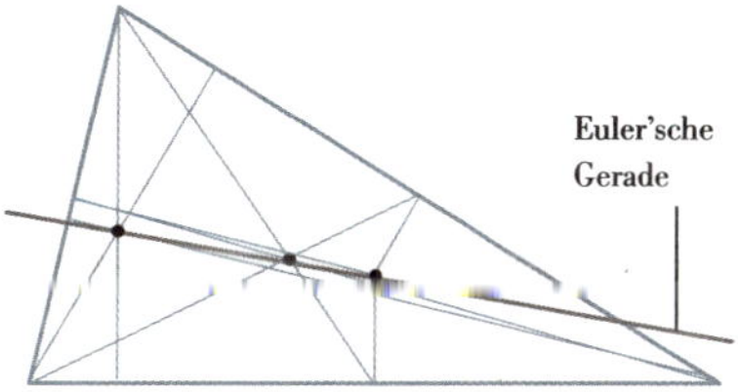

In einem gleichseitigen Dreieck fallen diese Punkte in einem Punkt zusammen, so dass ein solches Dreieck ein eindeutiges Zentrum hat. Dies wird auch das Zentrum eines gleichseitigen Dreiecks genannt. Euler (siehe S. 132-133) untersuchte auch Beziehungen zwischen Um- und Inkreisen eines Dreiecks sowie den Ankreisen.

KARL WILHELM FEUERBACH

Karl Wilhelm Feuerbach machte 1882 eine aufsehenerregende Entdeckung. Feuerbach gab Unterricht an weiterführenden Schulen und untersuchte die neun Punkte, die zu jedem Dreieck definiert sind.

- Die drei Seitenmitten.
- Die Höhenfußpunkte auf den drei Seiten.
- Die Mitten der drei Strecken, die den Höhenschnittpunkt (H) mit den Ecken des Dreiecks verbinden.

Diese neun Punkte liegen scheinbar willkürlich im Dreieck verteilt.

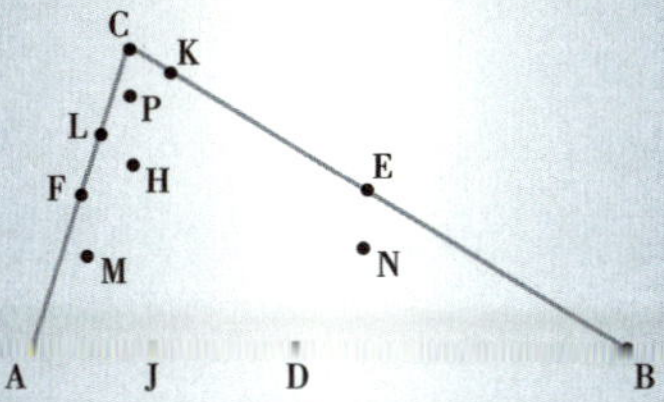

Feuerbach entdeckte allerdings, dass alle neun Punkte auf dem Umfang eines Kreises liegen. Und zu seinem Erstaunen sah er, dass der Mittelpunkt dieses Kreises auf der Euler'schen Geraden liegt.

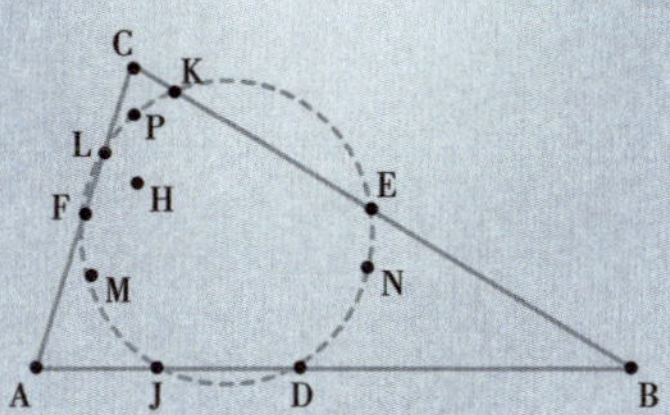

Übung 8

Verlassene Insel

DIE AUFGABE:

Saskia ist begeisterte Schwimmerin. Sie gewinnt in einer Lotterie und kann endlich ihren Traum wahrmachen, eine Insel kaufen und dort ein Haus bauen. Die Insel, die Saskia kauft, hat etwa die Gestalt eines gleichseitigen Dreiecks. Saskia will von jedem der drei Strände der Insel gleichen Gebrauch machen und fragt sich, wohin sie das Haus bauen muss, damit die Summe der Abstände zu den drei Stränden zu einem Minimum wird. Wohin muss Saskia ihr Haus bauen?

DIE METHODE:

Wenn wir Saskias Situation in ein mathematisches Modell umsetzen, kann man das wie folgt formulieren: finde den Punkt (P) in einem gleichseitigen Dreieck, für den die Summe der Abstände zu jeder Dreiecksseite so klein wie möglich ist. Der Abstand von einem Punkt zu einer Seite ist die Länge des Lots, vom Punkt aus senkrecht auf eine Seite. Die Fragestellung kann wie folgt in einer Zeichnung wiedergegeben werden:

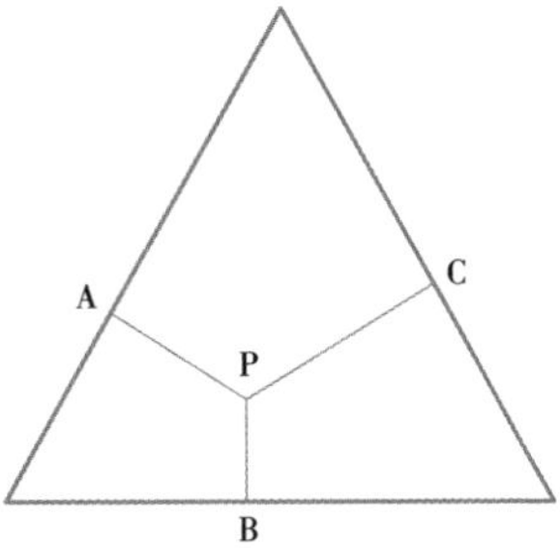

Die Frage ist, wo P positioniert werden muss, damit die Summe von PA, PB und PC so klein wie möglich ist.

Wenn man durch den Punkt P Parallelen zu jeder der Dreiecksseiten zeichnet, treten die drei Lote als Höhen von drei kleineren gleichseitigen Dreiecken auf.

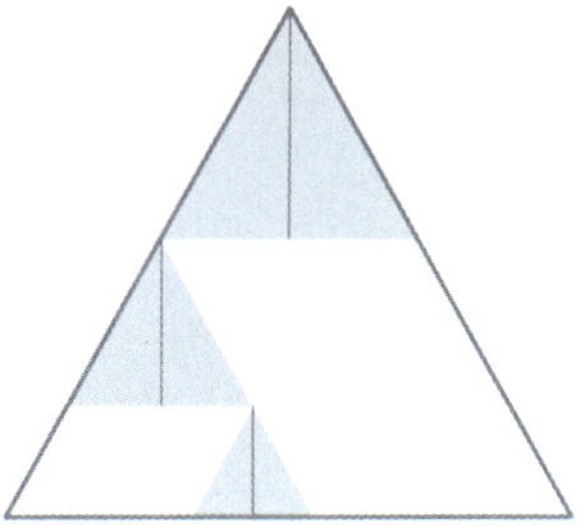

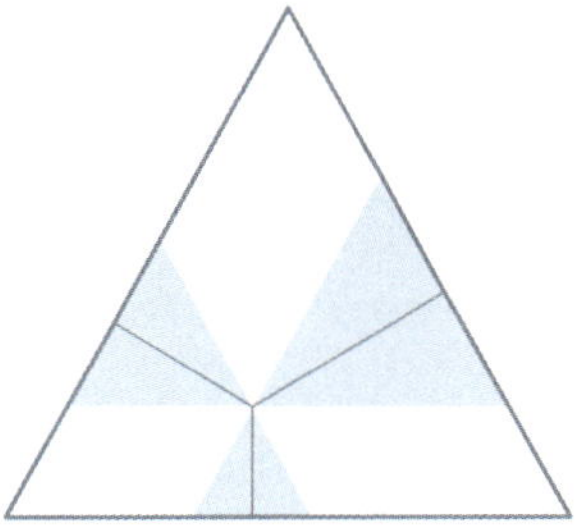

Zwei dieser kleineren Dreiecke lassen wir an ihrem Platz stehen. Das dritte verschieben wir ganz zur Spitze des Ausgangsdreiecks, so dass es das Dreieck darunter gerade in einem Punkt berührt.

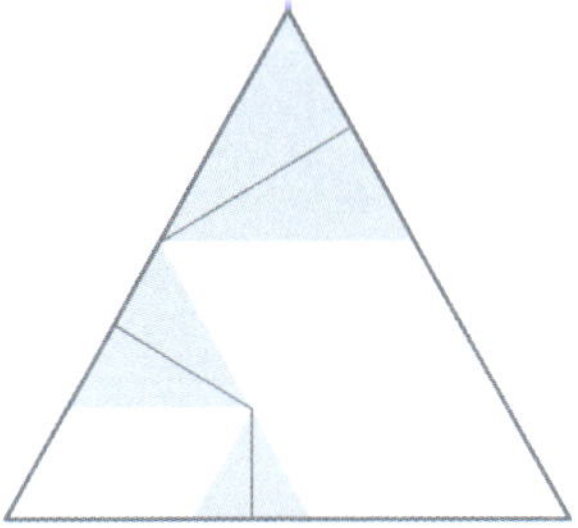

Wir drehen zwei der Dreiecke, so dass die Lote, die jeweils den Abstand von P zu einer Dreiecksseite wiedergeben, vertikal stehen. So wird deutlich, dass die Summe dieser drei Abstände gleich der Höhe des Ausgangsdreiecks ist.

Aber wir haben P als einen willkürlichen Punkt in dem Dreieck gewählt. Die Summe der Abstände ist aber unabhängig vom Punkt P. Das bedeutet: wo auch immer wir P hinsetzen, die Summe der Abstände von P zu den Seiten des Dreiecks wird immer dieselbe sein.

Mit anderen Worten: es macht keinen Unterschied, wohin Saskia ihr Haus baut. Die Summe der Abstände vom Haus zu den drei Stränden wird immer dieselbe sein. Sie kann ihr Haus da bauen, wo sie die schönste Aussicht hat!

DIE LÖSUNG:

Die Tatsache, dass die Summe der Abstände von einem beliebigen Punkt zu den Seiten eines gleichseitigen Dreiecks stets mit der Höhe des Dreiecks übereinstimmt, wird auch der Satz von Viviani genannt. Vincenzo Viviani war ein italienischer Wissenschaftler und Mathematiker. Er entwickelte diesen Satz um 1660. Der hier wiedergegebene Beweis dieses Satzes wurde allerdings erst von Kenichiroh Kawasaki im Jahr 2005 erbracht. Diese Behauptung stimmt auch für gleichwinklige oder gleichseitige Vielecke.

DER SATZ DES PYTHAGORAS

Ein Mathematiker merkte einst an, dass jeder, der Mathematik für schwierig hält, ganz einfach nicht einsieht, wie komplex die Welt um uns ist. Der Satz des Pythagoras markiert einen mathematischen Moment der Sicherheit in einer schwer zu verstehenden Welt.

Zeichnen Sie zwei Quadrate, A und B, die sich in der Größe unterscheiden und sich in einem Punkt berühren. Ein drittes Quadrat C wird so konstruiert, dass zwei seiner Ecken je eine Ecke der Quadrate A und B berühren.

A und B sind in ihrer Größe unveränderlich, aber sie können zusammen oder getrennt um ihre gemeinsamen Punkt gedreht werden. C ändert seine Größe, abhängig von der Lage von A und B. Wenn der Winkel (siehe Grafik) zwischen A und B groß ist, ist der Flächeninhalt von C größer als der von A und B zusammen. Ist der Winkel zwischen A und B kleiner, wird der Flächeninhalt von C kleiner als der von A und B zusammen. Es gibt aber eine Lage, in der der Flächeninhalt von C exakt so groß ist wie die Summe der Flächeninhalte von A und B zusammen. Das ist genau dann der Fall, wenn A und B in einem rechten Winkel zueinander stehen.

Wenn die Seiten von A, B und C die Längen a, b und c besitzen, wird in diesem Moment ein rechtwinkliges Dreieck mit c als Hypotenuse zwischen den drei Quadraten gebildet. Also: der Flächeninhalt des Quadrats über der Hypotenuse ist gleich der Summe der Flächeninhalte der Quadrate an den Katheten. Oder: $c^2 = a^2 + b^2$.

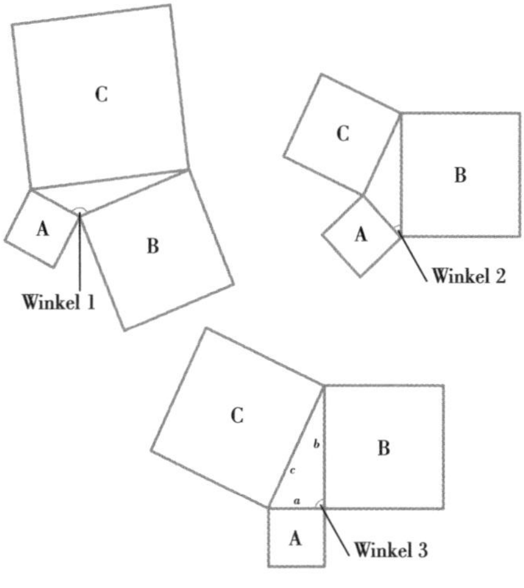

Beweis des Satzes des Pythagoras

Das Gedankenexperiment beweist allerdings nicht, dass der Flächeninhalt von C gleich der Summe derer von A und B ist, wenn A und B einen rechten Winkel zueinander bilden.

Es existiert aber eine große Anzahl von Beweisen zum Lehrsatz des Pythagoras, dazu zählt auch der von Euklid. Es sollen nun zwei weniger bekannte Beweise besprochen werden.

Ein Beweis ohne Worte

Diese Zeichnungen aus China sind ein wortloser visueller Beweis. Die Quadrate in beiden Bildern sind identisch und es befinden sich vier identische rechtwinklige Dreiecke in jedem dieser Quadrate. Wenn diese Dreiecke entfernt werden, müssen sie in beiden Quadraten gleich viel Raum übriglassen. Also muss die Summe der Flächeninhalte der zwei Quadrate in Zeichnung P ebenso groß sein wie der Flächeninhalt des schief liegenden Quadrats in Zeichnung Q. Diese drei Quadrate besitzen die Seitenlängen des Dreiecks. Bingo. Der Satz des Pythagoras.

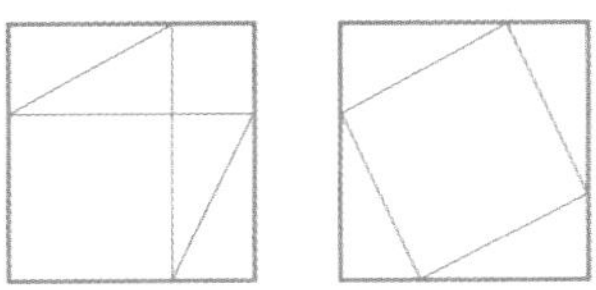

P Q

JAMES GARFIELD

Garfield machte sein Examen 1856 und wollte Mathematiklehrer werden. Er ging allerdings in die Politik und wurde sogar zum 20. Präsidenten der USA gewählt. Er hätte sich besser für eine Karriere in der Mathematik entscheiden sollen, denn vier Monate nach seiner Wahl wurde in seinem Büro auf ihn geschossen. Die Kugel tötete ihn nicht unmittelbar, aber er verstarb an einer Leberinfektion, die er sich im Krankenhaus zuzog.

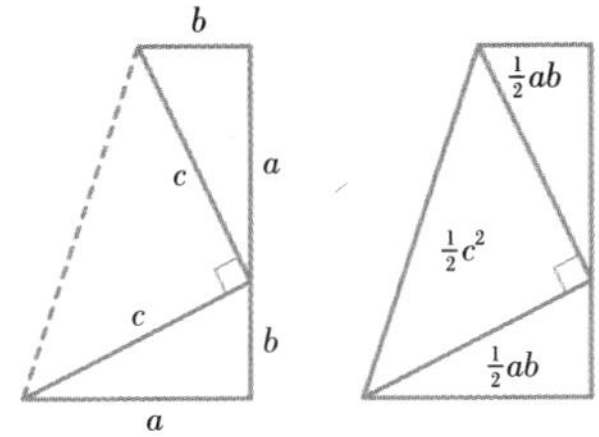

Garfields Beweis

Für solche, die einen mit Algebra gewürzten Beweis mögen, hat Garfield (der amerikanische Präsident, nicht die Katze) eine nette Konstruktion parat.

Wir beginnen mit zwei identischen rechtwinkligen Dreiecken. Setzen Sie diese so, dass zwei ihrer Seiten eine gerade Linie bilden (so dass ein rechter Winkel zwischen den Dreiecken entsteht). Ziehen Sie eine Linie, um ein drittes Dreieck zu bilden, so dass die Figur als Ganzes die Form eines Trapezes erhält. Der Flächeninhalt des Trapezes ist die Summe der Flächeninhalte der drei Dreiecke.

Wir können den Flächeninhalt des Trapezes mit folgender Formel berechnen: der Flächeninhalt ist der Mittelwert der Längen der oberen und der unteren Seite: – $\frac{1}{2}(a + b)$ – multipliziert mit dem Abstand zwischen diesen Seiten $(a + b)$. Die folgenden zwei Gleichungen für die Oberfläche des Trapezes müssen sich gleichen.

$$\tfrac{1}{2}ab + \tfrac{1}{2}ab + \tfrac{1}{2}c^2 = \tfrac{1}{2}(a + b) \text{ x } (a + b)$$

Vereinfachen Sie beide Seiten:

$$ab + \tfrac{1}{2}c^2 = \tfrac{1}{2}(a^2 + 2ab + b^2)$$

Multiplizieren Sie beide Seiten mit 2:

$$2ab + c^2 = a^2 + 2ab + b^2$$

Ziehen Sie von beiden Seiten $2ab$, also:

$$c^2 = a^2 + b^2$$

Pythagoras

Wir kennen alle den Satz des Pythagoras: das Quadrat der Hypotenuse ist gleich der Summe der Quadrate der zwei rechtwinkligen Seiten. Selbst in Kunst und Unterhaltung, wie in *Die Piraten von Penzance, Der Zauberer von Oz* und *Die Simpsons*, wird auf den Satz des Pythagoras verwiesen.

Pythagoras war ein griechischer Philosoph, Mystiker und Mathematiker, der im 6. Jahrhundert vor Christus lebte. Er war der charismatische Leiter einer großen Gruppe begeisterter Schüler. Pythagoras war der Meinung, dass Zahlen mystische und magische Eigenschaften haben und dass sie bei der Meditation gebraucht werden können, um eine ekstatische Offenbarung zu erfahren. Es sind keine Schriften von diesem Gelehrten erhalten geblieben. Alles, was wir über ihn wissen, stammt aus den Schriften Ciceros und anderer Autoren, die Jahrhunderte später über Pythagoras' Werk geschrieben haben.

Das Leben des Pythagoras

Pythagoras wurde um 570 v. Chr. auf Samos geboren und wurde etwa 75-80 Jahre alt. Er reiste nach Ägypten, Babylon und möglicherweise auch Indien, um philosophische, mystische und mathematische Ideen zu untersuchen. Später ließ er sich in Croton nieder, wo er seine philosophischen und religiösen Ideen verbreitete und asketisch lebte. Pythagoras glaubte an Seelenwanderung, die Reinkarnation der Seele in Tieren, Menschen und Pflanzen, bis die Seele Reinheit erreicht.

Er bildete mit seinen Jüngern eine Bruderschaft mit geheimen religiösen Ritualen. Diese Bruderschaft war auch eine Art Lerneinrichtung für Männer und Frauen, jegliches Eigentum wurde als gemeinschaftliches angesehen. Es gab ein innerer Zirkel von Schülern, die ausführlich die Ideen des Pythagoras gehört hatten, und einer größeren Gruppe von Zuhörern, die sich mit Zusammenfassungen zufrieden geben musste. Die Exklusivität dieses Ordens erzeugte böses Blut bei den Bewohnern von Croton, und letztendlich war Pythagoras gezwungen, zu fliehen. Man nimmt an, dass Pythagoras in Metapont verstarb.

Pythagoras' Ideen hatten großen Einfluss auf Platon und auch auf spätere

„Es gibt eine Geometrie im Schwingen von Saiten. Es ist Musik in der Ordnung der Sphären." ***Pythagoras***

Mathematiker und Philosophen. Es gibt drei bedeutende Einflüsse: Erstens, die pythagoreische Bruderschaft bildete die Grundlage für die Platonische Republik; zweitens, Mathematik wird zum logischen Fundament von Wissenschaft und Philosophie; und drittens, die Seele als sinnbildliches Dasein in einer materiellen Welt.

Pythagoreische Stimmungen

Man erzählt, dass Pythagoras in einer Schmiede bemerkte, dass das Verhältnis der Größen verschiedener Ambosse mit harmonischen Intervallen verbunden ist. So können zwei Ambosse, von denen der eine nur 2/3 so groß ist wie der andere, zusammen eine Quinte erklingen lassen. Pythagoras erkannte eine einfache rechnerische Beziehung zwischen den Intervallen wie Oktave, Quinte und Quarte. Die pythagoreischen Stimmungen beruhen auf der reinen Quinte. Diese hat ein Frequenzverhältnis von genau 3:2. Musikinstrumente funktionieren genau auf dieselbe Weise; eine Saite, die halb so lang ist wie eine andere, klingt eine Oktave höher.

• Eine Illustration aus dem 15. Jahrhundert, auf der Pythagoras' Entdeckung der harmonischen Intervalle abgebildet ist.

DER SATZ DES BAUDHAYANA?

Baudhayana war ein indischer Mathematiker und Priester, der mehr als drei Jahrhunderte vor Pythagoras lebte. Er schrieb die älteste der vier Sulba-Sutras, die auf das 8. Jahrhundert v. Chr. datiert werden. Diese Texte behandeln die komplizierten Regeln für die vedischen Zeremonien und für die Gestaltung der Altäre. Diese hatten je nach ihrem religiösen Zweck unterschiedliche Gestalt und Größe.

Die Sulba-Sutra des Baudhayana beschrieb, wie geometrische Formen zu konstruieren sind und wie Flächeninhalte bei der Transformation von einer Form in eine andere bewahrt werden können. Baudhayana nahm die erste Definition des Satzes des Pythagoras vorweg, die in etwa so übersetzt werden kann: „Wenn ein Seil über die Länge einer Diagonalen gespannt wird, entsteht eine Fläche, die der horizontalen und vertikalen Seiten zusammen entspricht."

Vielleicht sollten wir es nicht Satz des Pythagoras nennen, sondern Satz des Baudhayana.

DIE GEOMETRIE DER ZAHLEN

Obwohl der Satz des Pythagoras aus der Geometrie stammt, beeinflusst er besonders die Welt der Zahlen. Wie die Länge der Diagonalen des Einheitsquadrates berechnet werden kann, war lange Zeit unklar. Babylonische Mathematiker hatten diese bis auf sechs Stellen genau berechnet, aber die Pythagoreer wussten, dass es nur eine Näherung war. Aber auch sie konnten keinen exakten Wert finden. Existierte eine solche Zahl überhaupt? Pythagoras fand den Schlüssel zu dieser Frage, konnte aber die Zahl nicht als Dezimalzahl ausdrücken.

Natürliche Zahlen

Das älteste Zeugnis des Abzählens ist der wahrscheinlich über 20.000 Jahre alte Ishango-Knochen. Über die gesamte Länge ist er eingekerbt und wurde wahrscheinlich gebraucht, um ein Abzählergebnis zu dokumentieren. Wegen der Art, wie die Einkerbungen gruppiert sind, denken einige Wissenschaftler allerdings, dass der Urheber der Kerben etwas über das Rechnen gewusst haben muss.

Das Basisprinzip des Zählens ist die Kopplung von Objekten aus der realen Welt an mathematische Objekte. Wir lernen das Zählen durch die Namen der Zahlen – eins, zwei, drei – und das gleichzeitige Zeigen auf Objekte. Mathematiker nennen diese Zahlen natürliche Zahlen. Im Laufe der Jahrhunderte wurde die Menge der natürlichen Zahlen erweitert. Zuerst schufen Mathematiker die Zahl Null, die in der realen Welt nicht vorkommt. Sie nannten die Menge 0, 1, 2, 3, 4, 5 ... ganze Zahlen. Später wurden auch negative Zahlen hinzugenommen. Die Menge aus positiven und negativen ganzen Zahlen wird heute die Menge der ganzen Zahlen genannt. Die positiven ganzen Zahlen können eine Anzahl Bohnen oder Steine wiedergegeben. Aber wie zeigt man, was negative ganze Zahlen sind? Ganze Zahlen können auf einer Geraden, der Zahlengeraden, wiedergegeben werden, was eine bildliche Vorstellung von positiven und negativen Zahlen ergibt, bei der Geometrie und Arithmetik zusammenkommen.

Mathematiker kamen lange Zeit mit der Sammlung der ganzen Zahlen aus. Rechenergebnisse wie 3 x 4, 53 + 7 und sogar 7 – 53 konnten damit angegeben werden. Aber, obwohl 12 ÷ 4 eine ganzzahlige Lösung besitzt, gilt das nicht für 4 ÷ 12. Unbefriedigend, dass es Rechenaufgaben ohne Lösung gibt. So erweiterten Mathematiker den Zahlenbegriff um Brüche ganzer Zahlen, so dass Ergebnisse von Divisionen darstellbar sind, ($\frac{4}{12}$ oder $\frac{1}{3}$ im Falle 4÷12). Die Brüche, oder rationalen Zahlen, können ebenso auf der Zahlengeraden angegeben werden.

Auf der Zahlengeraden ist zwischen den ganzen Zahlen viel Platz. Die rationalen Zahlen stehen allerdings dicht zusammen. Sogar so dicht zusammen, dass es keinen Platz zwischen ihnen zu geben scheint. Zwischen $\frac{143}{560}$ und $\frac{144}{560}$ stehen weitere rationale Zahlen wie zum Beispiel $\frac{143.5}{560}$ oder $\frac{287}{1120}$. Dieser Prozess kann beliebig fortgesetzt werden. Aber wenn wir damit unendlich weitermachen, dann wäre die Zahlengerade so voll, dass es für weitere Zahlen keinen Platz gäbe. Das sagt jedenfalls der gesunde Menschenverstand. Aber dank der Ideen des Pythagoras hat sich unsere Sicht auf die Mathematik für immer verändert, wie wir auf den folgenden Seiten sehen werden.

DREIECKSZAHLEN

Pythagoras untersuchte die Dreieckszahlen im Rahmen seiner mystischen Lebensüberzeugung. Die Tetraktys, die vierte Dreieckszahl ist eine dreieckige Aufstellung von Punkten, die abgezählt zur perfekten Zahl zehn führen. Die Pythagoreer verehrten die Zahlen eins bis zehn und benutzten die vierte Dreieckszahl für ihre mystischen Meditationen. Auch widmeten sie dieser Figur Gebete.

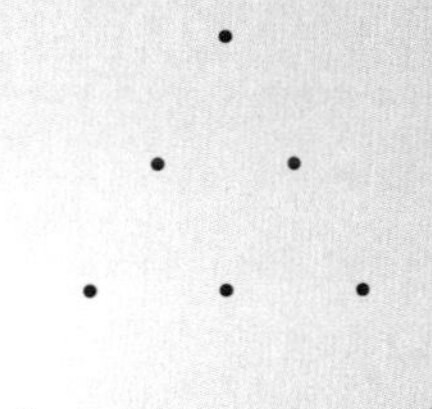

• **Die vierte Dreieckszahl symbolisiert die vier Elemente – Erde, Feuer, Wasser und Luft – und die Ordnung des Weltraums und des Kosmos.**

NICHT ALLE MATHEMATIK IST RATIONAL

Mathematiker waren damit zufrieden, dass die Zahlengerade mit den rationalen Zahlen massiv ist (siehe S. 58-59). Hippasus, ein Pythagoreer, war der Legende nach mit einigen andern Pythagoreern auf See und war verwundert, dass die Länge der Hypotenuse eines rechtwinklig-gleichschenkligen Dreiecks mit der Kathetenlänge 1 existiert aber nicht als Bruch ausgedrückt werden kann.

Was ist die Hypotenuse?
Mit Hilfe eines Lineals und eines Zirkels können wir ein solches Dreieck konstruieren (siehe S. 22-23).

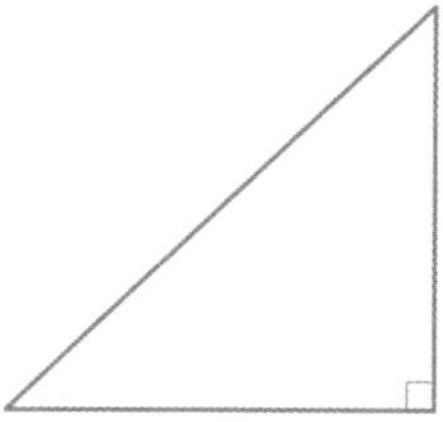

Gemäß dem Satz von Pythagoras ist: $h^2 = 1^2 + 1^2 = 2$. Also $h = \sqrt{2}$. Es gibt keinen Zweifel an der Tatsache, dass die Länge $\sqrt{2}$ existiert; sie tritt im Dreieck auf. Aber wie kann Hippasus $\sqrt{2}$ als rationale Zahl, in Form eines Bruchs, darstellen?

Wir starten, indem wir annehmen, dass $\sqrt{2}$ als Bruch ausgedrückt werden kann, nämlich $^a/_b$. Jeder unechte Bruch kann gekürzt werden bis zu seinen kleinstmöglichen ganzzahligen Bestandteilen a und b. Zähler und Nenner a und b sollen keinen gemeinsamen Teiler größer als 1 besitzen.

$$\sqrt{2} = \frac{a}{b}$$

Quadrieren beider Seiten der Gleichung führt zu:

$$2 = \frac{a^2}{b^2}$$

Multiplikation beider Seiten mit b^2 liefert:

$$2b^2 = a^2$$

Das zeigt uns, dass a^2 eine gerade Zahl ist (es ist gleich 2 mal b^2). Dann muss a auch eine gerade Zahl sein, denn das Quadrat einer ungeraden Zahl ist wieder ungerade. Dann können wir a durch $2c$ ausdrücken.

Wir ersetzen a in der Gleichung durch $2c$ und erhalten.

$$2b^2 = (2c)^2$$
oder
$$2b^2 = 4c^2$$

Division beider Seiten durch 2 ergibt:

$$b^2 = 2c^2$$

Das bedeutet, dass b ebenso eine gerade Zahl sein muss. Dass a und b gerade Zahlen und damit den gemeinsamen Teiler 2 besitzen steht im Widerspruch zur Annahme, dass a und b keinen gemeinsamen Teiler haben. Die einzige logische Folgerung ist, dass unser Ausgangspunkt falsch war, also kann √2 nicht als Bruch ausgedrückt werden. (Das ist das klassische Beispiel eines Widerspruchsbeweises oder reductio ad absurdum).

Obwohl √2 nicht als Bruch ausgedrückt werden kann, kann die Zahl auf der Zahlengeraden mit Hilfe eines Zirkels markiert werden. Wir markieren ein Dreieck auf der Zahlengeraden zwischen null und eins. Wir stellen die Zirkelöffnung auf die Länge der Hypotenuse unseres Dreiecks ein und ziehen einen Kreisbogen um den Nullpunkt der Zahlengeraden.

Obwohl überall auf der Zahlengeraden rationale Zahlen markiert sind, gibt es doch noch Platz für √2. Wir gehen noch einen Schritt weiter: es besteht eine unendliche Anzahl von Zahlen wie √2. Die Zahlengerade der rationalen Zahlen

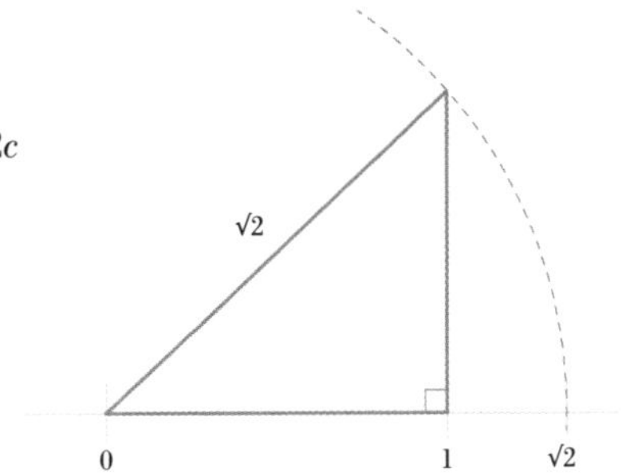

ist also nicht so massiv oder „vollständig“ wie wir dachten und enthält ebenso viele Löcher wie eine unendlich große Strickweste. Alle diese fehlenden Zahlen werden irrationale Zahlen genannt, weil sie nicht als Brüche ganzer Zahlen ausgedrückt werden können.

Dank Hippasus wurde ein ganz neues Feld der Mathematik entdeckt, ohne das die moderne Mathematik nicht bestehen könnte. Seine Belohnung? Die Pythagoreer an Bord waren derart von dieser Entdeckung, die ihre Mathematik unterwanderte, erschüttert, dass sie ihn über Bord warfen und er ertrank.

Übung 9

Das richtige Verhältnis

DIE AUFGABE:

Michael möchte gern Kopierpapier sparen und verkleinert die Seiten so, dass zwei Seiten genau auf ein Blatt der Originalgröße passen. Welche Maße muss dieses Blatt Papier aufweisen?

DIE METHODE:

Michael möchte zwei Seiten so verkleinern, dass sie zusammen auf eine Seite passen, die dafür um 90° gedreht werden muss.

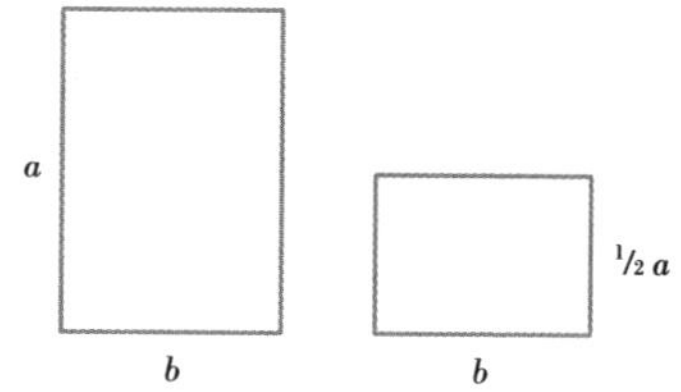

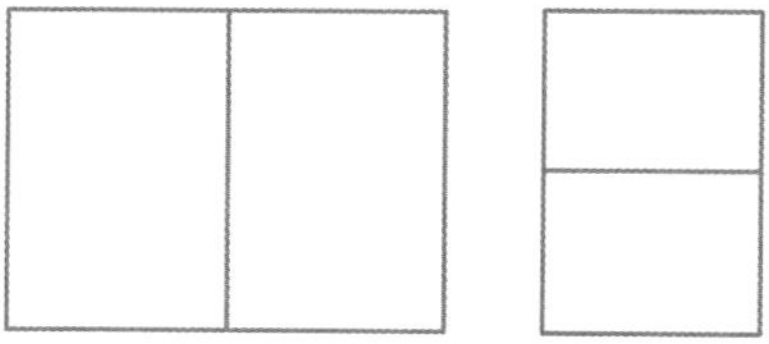

Mit anderen Worten: ein Blatt Papier wird in zwei Hälften geschnitten, so dass zwei kleinere Blatt Papier mit dem gleichen Seitenverhältnis entstehen wie das Originalpapier. Die Höhe des kleinen Blatts ist die Breite des größeren. Die Breite des kleinen Blatts ist die Hälfte der Höhe des größeren.

Er berechnet die Verhältnisse der Seiten:

$$\frac{b}{a} = \frac{½a}{b} = \frac{a}{2b}$$

Multiplikation beider Seiten der Gleichung mit $2ab$ liefert:

$$2b^2 = a^2$$

Zieht man die Quadratwurzel auf beiden Seiten der Gleichung, so erhält man:

$$\sqrt{2}b = a$$

Da ist die unangenehme Zahl $\sqrt{2}$ wieder. Welche Länge Michael auch für die eine Seite nimmt, die andere Seite muss $\sqrt{2}$ mal länger sein, damit seine Verkleinerung funktioniert.

Wir brauchen es glücklicherweise nicht mehr selbst herauszufinden, die Europäischen Standardpapierformate (A0, A1, A2, A3, A4 usw.) beruhen auf diesem Seitenverhältnis. Für das Papierformat A0 ist festgelegt, dass es eine Oberfläche von 1 Quadratmeter bzw. 10.000 Quadratzentimetern hat. Wenn die Seiten von A0 *a* cm und $\sqrt{2}$ *a* cm lang sind, dann folgt:

$$a \times \sqrt{2}a = 10.000$$

$$\sqrt{2}a^2 = 10.000$$

$$a^2 = \frac{10.000}{\sqrt{2}}$$

Die Seite *a* ist ungefähr 84,1 cm und die Seite *b* 118,9 cm lang. Alle anderen Formate haben dasselbe Seitenverhältnis. A1-Format ist A0 in zwei gleiche Hälften geschnitten: die Höhe von A1 ist die Breite von A0, während die Breite von A1 die Hälfte der Höhe von A0 ist.

DIE LÖSUNG:

Jedes Blatt Papier, dessen Verhältnis zwischen den Seiten $1:\sqrt{2}$ (ungefähr 1:1,414) ist, kann flächenmäßig verdoppelt oder halbiert werden und dasselbe Seitenverhältnis behalten.

Georg Christoph Lichtenberg, Professor für Mathematik und Physik in Göttingen, schlug bereits im Jahr 1786 dieses Seitenverhältnis für Papierformate vor, lange vor der Erfindung der Fotokopierer.

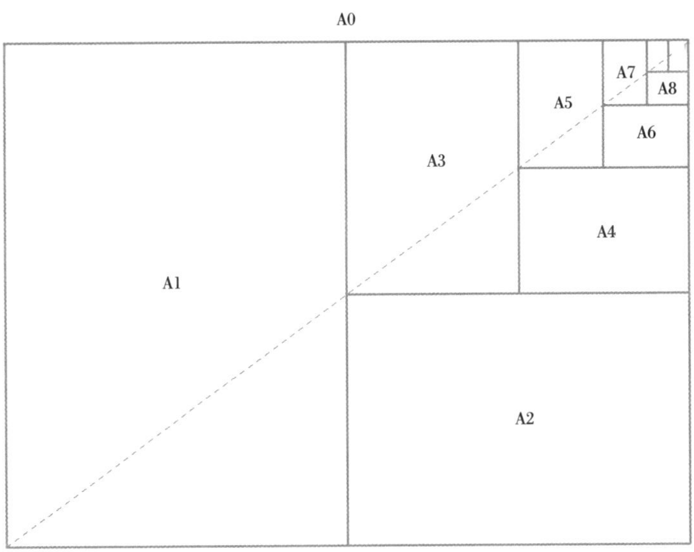

DER GOLDENE SCHNITT

Betrachten Sie die Rechtecke weiter unten. Finden Sie, dass eins der vier Rechtecke angenehmer fürs Auge ist? Einige sind der Ansicht, dass das der Fall ist. Das für das Auge angenehmere Goldene Rechteck liegt vielen Werken der Kunst und Architektur zugrunde. Mathematiker denken, das Geheimnis des perfekten Rechtecks entdeckt zu haben.

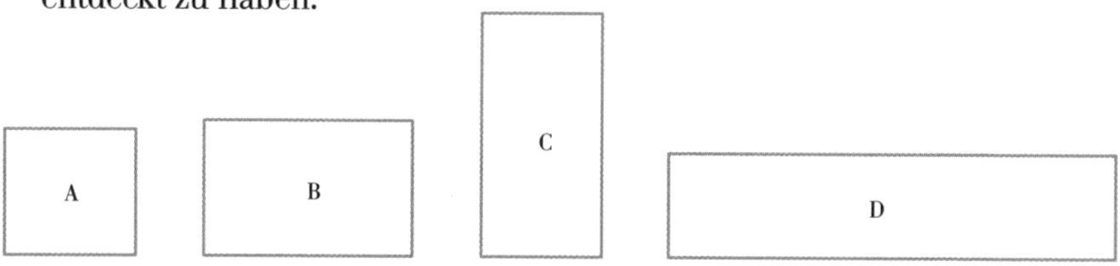

In Übung 9 hatten wir mit Rechtecken zu tun, deren Hälften dasselbe Seitenverhältnis aufwiesen wie das Original. Wir behandeln jetzt eine etwas andere Frage.

Wir suchen die Verhältnisse eines Rechtecks, bei dem Folgendes der Fall ist: wenn vom Ende dieses Rechtecks ein Quadrat abgeschnitten wird, ist die Form, die übrigbleibt, eine kleinere Replik des ursprünglichen Rechtecks.

- Wenn ein Quadrat vom Ende dieses Rechtecks abgeschnitten wird, besitzt das übrigbleibende Rechteck dasselbe Seitenverhältnis, wie das ursprüngliche Rechteck.

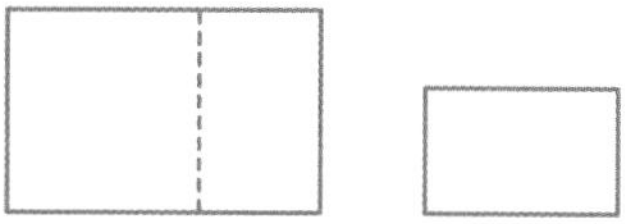

Da wir uns nicht für die tatsächliche Länge der Seiten interessieren, sondern nur für das Seitenverhältnis, können wir einfache Längen als Ausgangspunkt wählen: für die Länge der kleineren Seite nehmen wir 1 an. Wir kennen die Länge der längeren Seite nicht, nennen sie also x.

Wenn das ursprüngliche Rechteck 1 mal x ist und wir hier ein Quadrat abschneiden, dann wird die Länge des übriggebliebenen Rechtecks x -1 mal 1 sein. Wir wollen, dass das Verhältnis der Seiten dasselbe bleibt:

$$\frac{1}{x} = \frac{(x-1)}{1}$$

Multiplikation beider Seiten der Gleichung mit x, ergibt:

$$1 = x^2 - x$$

oder $$x^2 = x + 1$$

Der Wert von x, der dafür sorgt, dass x^2 mit $x + 1$ übereinstimmt, ist ungefähr 1,618 (Sie können das mit Hilfe Ihres Taschenrechners kontrollieren – $1{,}618^2$ ergibt 2,618, genau 1 mehr als 1,618). Diesen Wert nennt der Mathematiker Pacioli im Jahr 1509 die *divina proportione*, aber wir kennen sie als den Goldenen Schnitt. Kepler baute auf Paciolis Werk auf und beschrieb das Goldene Rechteck als ein „kostbares Juwel". Das ist das einzige Rechteck, von dem ein Quadrat abgeschnitten werden kann, so dass das übrigbleibende Rechteck dasselbe Seitenverhältnisse besitzt wie das Original. Der Goldene Schnitt kann auch auf einer Geraden gefunden werden: es ist der Punkt, der eine Strecke so in zwei Teile schneidet, dass das Längenverhältnis der gesamten Strecke zum längeren Teil dasselbe ist, wie das vom längeren zum kürzeren Teil:

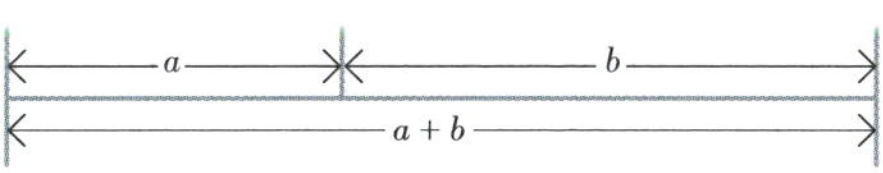

$$\frac{(a+b)}{b} = \frac{b}{a}$$

Der Goldene Schnitt ist von so großer Wichtigkeit, dass er einen eigenen Namen und ein eigenes Symbol bekommen hat: phi (Ø). Der mathematische Ausdruck für Ø ist:

$$Ø = \frac{(1+\sqrt{5})}{2}$$

• **Der Goldene Schnitt zeigt nicht nur die Effizienz der Natur, sondern liegt auch schönen Objekten zugrunde.**

DAS FINDEN DES GOLDENEN RECHTECKS

Als Pacioli und Kepler einst die Aufmerksamkeit der mathematischen Welt auf den Goldenen Schnitt lenkten, machte eine große Anzahl von Mathematikern den Versuch, seine Existenz zu beweisen. Das Goldene Rechteck liege dem Entwurf des Parthenons in Athen zugrunde, aber das Verhältnis zwischen der Breite und der Höhe stimmt nicht ganz überein mit dem Goldenen Schnitt (1,74 anstelle von 1,618).

Der Goldene Schnitt scheint allerdings häufiger in der Natur vorzukommen: von Seemuscheln bis zum menschlichen Ohr. Beide haben einen spiralförmigen Aufbau: beim Wachstum sorgt der Goldene Schnitt für maximales Volumen bei minimaler Oberfläche in jeder Phase.

Übung

10 Mit dem Auge des Betrachters

DIE AUFGABE:

Leonardo hat von der Schönheit des Goldenen Rechtecks gehört und will eines auf seiner Leinwand zeichnen. Er denkt auch, dass eine dreieckige Komposition, die auf dem Goldenen Schnitt beruht, ebenso angenehm fürs Auge sein wird. So möchte er ein Dreieck konstruieren, das dieses Verhältnis beinhaltet. Er verfügt nur über ein Lineal und einen Zirkel.

DIE METHODE:

Das Goldene Rechteck kann auf folgende Art und Weise konstruiert werden:

- Zeichnen Sie ein Quadrat.
- Zeichnen Sie von der Mitte einer Seite des Quadrats eine Strecke zu einem der gegenüberliegenden Eckpunkte.
- Benutzen Sie diese Strecke als Radius eines Kreises, dessen Umfang durch zwei benachbarte Ecken des Quadrats verläuft.
- Erweitern Sie das Quadrat nach oben durch ein Rechteck, dessen obere Seite eine Tangente des Kreises ist.
- Das so zusammengesetzte große Rechteck hat ein Seitenverhältnis eines Goldenen Rechtecks.

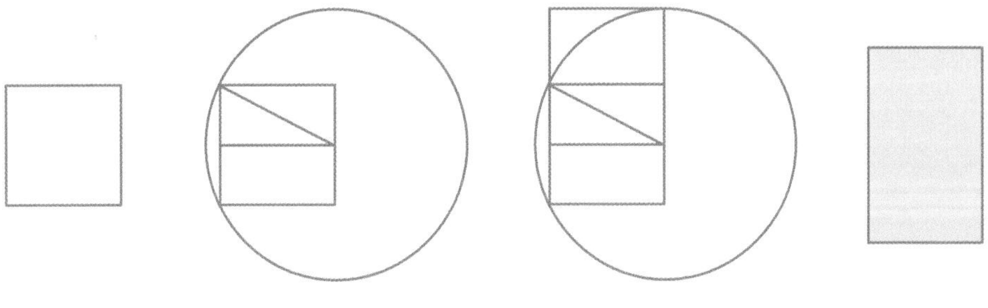

Ein Goldenes rechtwinkliges Dreieck (auch als Kepler'sches Dreieck bekannt) beruht auf dem Goldenen Schnitt und kann wie folgt konstruiert werden:

- Stellen Sie die Öffnung des Zirkels auf die Länge der längeren Seite des Rechtecks ein.
- Zeichnen Sie um einen Eckpunkt des Rechtecks einen Kreis.
- Verbinden Sie den Schnittpunkt von Kreis und Rechteck mit dem Kreismittelpunkt.
- Das einzige Dreieck in dieser Konstruktion ist das Goldene rechtwinklige Dreieck.

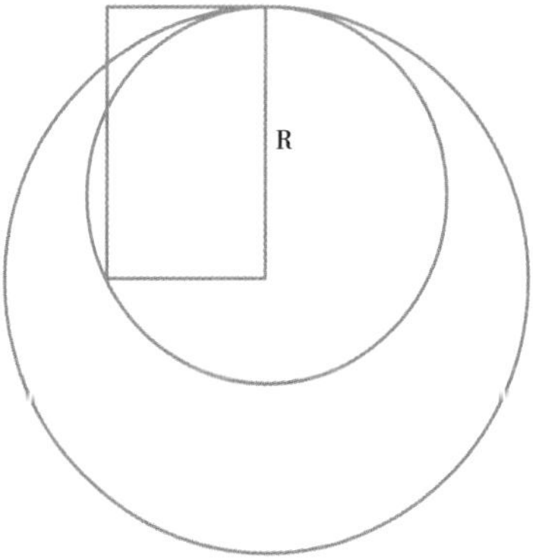

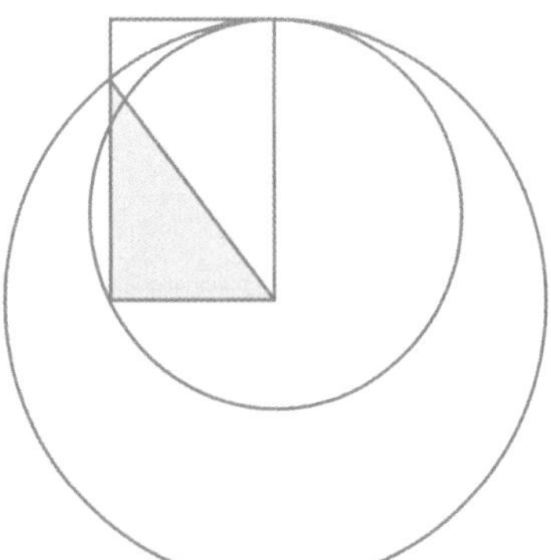

DIE LÖSUNG:

Das Dreieck, das wir so konstruiert haben, wird auch Kepler'sches Dreieck genannt. Hier werden zwei wichtige mathematische Konzepte kombiniert: der Satz des Pythagoras und der Goldene Schnitt. Einige sind der Meinung, dass die Seitenverhältnisse der Cheops-Pyramide denen eines Kepler'schen Dreiecks nahekommen. Die Seitenlängen eines Kepler'schen Dreiecks verhalten sich wie 1:√ Ø:Ø.

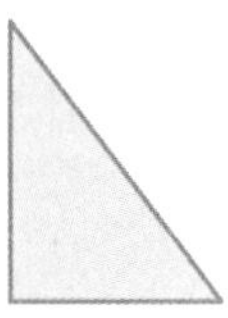

Übung 11

Logarithmische Spirale

DIE AUFGABE:

Petra findet die Spirale im Innern einer Nautilusmuschel angenehm fürs Auge. Sie will einen spiralförmigen Weg in ihrem Garten anlegen, der der Spirale in der Muschel ähnelt. Wie kann sie vorgehen?

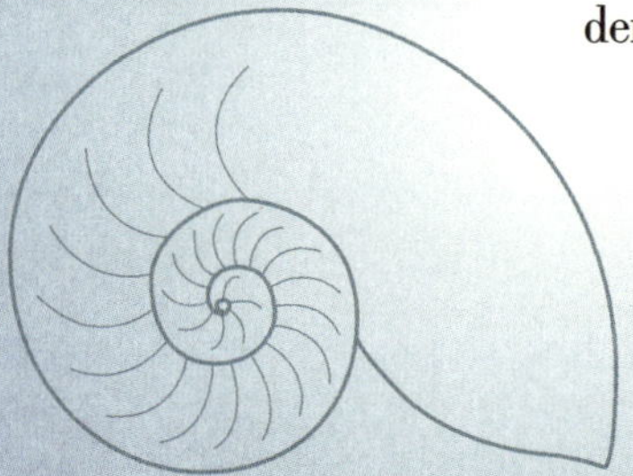

DIE METHODE:

Petra beginnt mit der Konstruktion zweier Quadrate mit der Seitenlänge von 1 Einheit, die eine gemeinsame Seite besitzen.

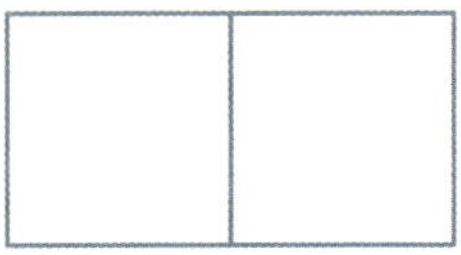

Sie zeichnet dann ein oben anliegendes Quadrat mit einer Seitenlänge von 2 Einheiten.

Sie setzt ihre Konstruktion fort, indem sie in die gleichen Drehrichtung weitere Quadrate zeichnet, wobei die Seiten eines jeden neuen Quadrats die Länge der Summe der Seitenlängen der beiden unmittelbar vorhergehenden Quadrate besitzen. Petra zeichnet in die Quadrate Viertelkreise ein, so dass sich – wie in der Zeichnung unten – sukzessive eine Spirale ergibt, am besten mit dem größten Quadrat beginnend. So erzeugen wir eine Kurve, die in etwa wie die logarithmische Spirale verläuft.

• Die Konstruktion der „logarithmischen" Spirale spiegelt mit der Fibonacci-Folge wider. Je größer die Spirale wird, desto mehr nähert sich das Seitenverhältnis angrenzender Quadrate dem Goldenen Schnitt.

DIE LÖSUNG:

Petra konstruiert Quadrate, deren Seiten die Fibonacci-Zahlen wiedergeben (siehe S. 176) und dementsprechend eine Spirale konstruieren. Je größer die Fibonacci-Zahlen werden, desto mehr nähert sich das Verhältnis zweier aufeinanderfolgender Zahlen dem Goldenen Schnitt an. Jacob Bernoulli nannte die logarithmische Spirale auch die *spira mirabilis* (wundersame Spirale). Bernoulli war besonders von der Tatsache fasziniert, dass die Form der logarithmischen Spirale dieselbe bleibt, auch wenn sie vergrößert wird. Diese Eigenschaft wird selbstähnlich genannt und liegt auch den Fraktalen zugrunde (siehe S. 166-167). Die logarithmische Spirale kommt wahrscheinlich deshalb so oft in der Natur vor, weil sie den Raum gleichmäßig und ökonomisch einnimmt.

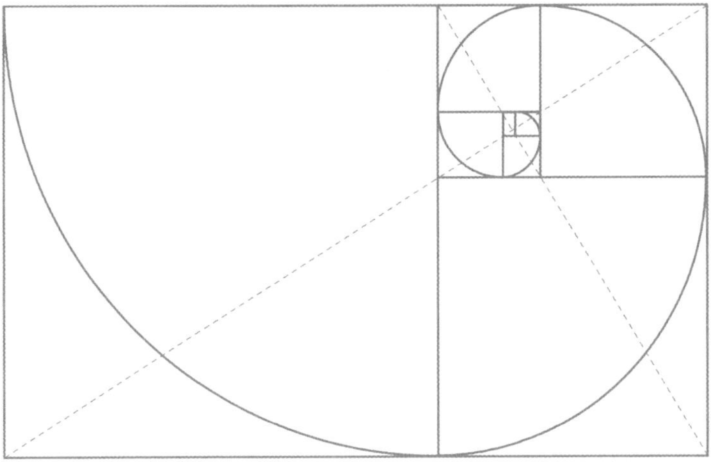

Johannes Kepler

Kepler ist vor allem wegen seiner drei Gesetze zur Planetenbewegung bekannt, aber er trug auch zum Fortschritt in vielen anderen Zweigen der Wissenschaft und Mathematik, wie auch der Optik bei. Dabei entwickelte er Theorien zur Stapelung von Kugeln (die Richtigkeit der Kepler'schen Vermutung wurde erst vor wenigen Jahren von Thomas Hales vollständig bewiesen). Keplers Theorien zur Geometrie, Astrologie und Kosmologie und sein literarischer und rhetorischer Stil werden als kennzeichnend für die moderne Annäherung an die Wissenschaft der Aufklärung angesehen.

Gefährlicher Denker

Keplers logische und rhetorische Methoden beeinflussten das Denken des 16. Jahrhunderts. Er wies die unwissenschaftliche mittelalterliche Art des Denkens ab und spielte eine große Rolle bei der intellektuellen Bewegung, die später als die Aufklärung bekannt wurde. Er untersuchte die Geometrie, Astrologie und Kosmologie. In der Geometrie arbeitete er zum Goldenen Schnitt, entdeckte zwei neue Polyeder und entwickelte Theorien zur Stapelung von Kugeln. Kepler unterstützte genau wie Galileo und Descartes die Theorie des Kopernikus, wonach sich die Erde um die Sonne dreht. Im 16. und 17. Jahrhundert war es gefährlich, Anhänger eines solchen Weltbilds zu sein. Kepler wurde zusammen mit anderen kopernikanischen Denkern verfolgt.

Das Leben Keplers

Johannes Kepler wurde 1571 in der Nähe von Stuttgart geboren. Er wurde von seiner Mutter allein erzogen, da sein Vater im Krieg gefallen war. Keplers Mutter war Heilerin und Kräutersammlerin und später der Hexerei angeklagt, wahrscheinlich wegen Keplers kopernikanischer Ansicht. Kepler liebte die Astronomie und als er sechs Jahre alt war, nahm seine Mutter ihn mit, die Erscheinung des großen Kometen von 1577 zu sehen. Kepler wurde zum lutherischen Prediger ausgebildet, aber glänzte in Mathematik und ging als Dozent für Mathematik und Astronomie an die Universität in Graz, Österreich.

Kepler las *De Revoltionibus* von Kopernikus, das 1543 veröffentlicht wurde. Er wurde von dem in diesem Buch beschriebenen Beweis überzeugt, dass sich die Erde um die Sonne bewegt. Kepler stützte sich bei seinen Untersuchungen auf diese Theorie. Damals weigerte er sich, zum Katholizismus überzutreten, wurde entlassen und aus Österreich verbannt. Weil er ein Anhänger der Lehre des Kopernikus war, konnte er auch in Deutschland keine Arbeit erhalten. Er korrespondierte mit Tycho Brahe, dem wichtigsten Astronomen und Mathematiker seiner Zeit. Tycho Brahe war kein Anhänger der Lehre des Kopernikus, aber er schätzte die detaillierten und genauen astronomischen Beobachtungen Keplers und stellte ihn in Prag als seinen Assistenten ein.

Als Brahe starb, wurde Kepler kaiserlicher Mathematiker Kaiser Rudolfs II. in Prag, wo er an den Gesetzen der Planetenbewegungen arbeitete und seine Theorien zum Goldenen Schnitt entwickelte. 1610 korrespondierte er mit Galileo über die vier Jupitermonde. 1612 zog er nach Linz, wo er seine astronomischen Studien fortsetzte und an einem Sternekatalog, sowie den Planeten und ihre Bewegungen arbeitete. Kepler starb 1630.

Keplers veröffentliche Schriften

Mysterium Cosmographicum (*Die Mysterien des Universums*) war das erste Werk Keplers, das 1596 veröffentlicht wurde. Kepler beschrieb in diesem Buch die platonischen Körper. Er brachte diese in Zusammenhang mit Sphären, auf denen die Bahnen der Planeten liegen und betrachtete sie als Gottes geometrischen Entwurf des Universums.

In *Astronomia Nova* (*Eine neue Astronomie*) von 1609 beschrieb Kepler detailliert sein erstes Gesetz der Planetenbewegung, das besagt, dass alle Planeten eine ellipsenförmige Bahn mit der Sonne in einem der Brennpunkte beschreiben. Er entwickelte auch seine Theorie vom Goldenen Rechteck. Er schrieb: „Die Geometrie kennt zwei Kostbarkeiten, die erste ist der Satz des Pythagoras, die zweite ist die Teilung einer Geraden in ein extremes und ein gemitteltes Verhältnis."

1619 publizierte Kepler *Harmonices Mundi* (*Die Harmonie der Welten*), worin er die Proportionen der realen Welt und der Musik behandelt. Ferner werden darin die Eigenschaften regelmäßiger Vielecke und regelmäßiger Körper untersucht. Die *Rudolphinischen Tafeln*, benannt nach Kaiser Rudoph II., wurden 1627 veröffentlicht, aber in der Zeit der Gegenreformation von der katholischen Kirche verboten. In den *Rudolphinischen Tafeln* befasst sich Kepler mit den Planeten und deren Bewegungen.

• Ineinander geschachtelte platonische Körper.

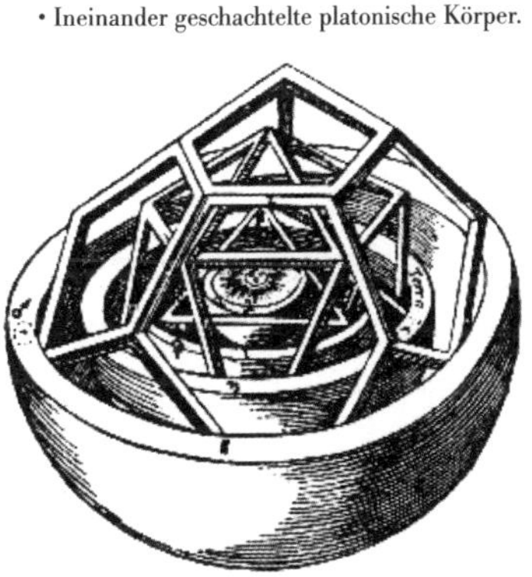

TYCHO BRAHE

Tycho Brahe (1546–1601) war ein dänischer Astronom und Alchemist. Er wurde zu einem der wichtigsten Astronomen Europas, finanziell unterstützt von reichen Sponsoren. Brahe war kein Anhänger der kopernikanischen Lehre, sondern er war der Meinung, dass Sonne und Mond die Erde umkreisen und die anderen Planeten wiederum die Sonne. Die Kirche bevorzugte dieses Weltbild sehr. Seine genaue Beobachtung der Planetenbahnen waren für Kepler unschätzbar wichtig.

Kopernikus

Nikolaus Kopernikus (1473–1543) war ein polnischer Astronom, der als erster die Idee vorstellte, dass sich die Planeten um die Sonne und nicht um die Erde bewegen. Er verschob die Veröffentlichung seines Buches *De Revolutionibus* wegen der Aufregung, die es verursachen würde. Es wurde erst kurz vor seinem Tod herausgegeben. Zuerst die Protestantische und dann die Katholische Kirche verurteilten diese „pythagoreische" Theorie.

Archimedes

Archimedes war ein griechischer Erfinder und Physiker, der einfache Apparate, aber auch komplexe Kriegswaffen entwickelte. Die Schraube des Archimedes, eine Schraube, die sich in einem Zylinder befindet und Wasser nach oben befördern kann, war eine seiner praktischen Erfindungen. Archimedes entdeckte, als er ein Bad nahm, dass ein Körper in Flüssigkeit getaucht eine Auftriebskraft erfährt. Es wird erzählt, dass er nackt durch die Straßen von Syrakus rannte und „Eureka" rief. Er wurde auch wegen seiner Entdeckung des Prinzips der Hebelwirkung bekannt, worüber er sagte: „Gib mir einen festen Punkt und ich werde die Erde bewegen."

Obwohl Archimedes' Erfindungen von seinen Zeitgenossen als seine wichtigsten Beiträge angesehen wurden, glaubte er, dass nur die Mathematik selbst das Studium wert sei. Er wird als einer der größten Mathematiker angesehen.

Das Leben des Archimedes

Archimedes wurde 287 v. Chr. in Syrakus an der Ostküste von Sizilien geboren, das damals zum griechischen Reich gehörte. Er wurde in Alexandria, Ägypten, ausgebildet. 212 v. Chr. starb er während des 2. Punischen Krieges, als die Römer Syrakus nach einer zwei Jahre andauernden Belagerung eroberten. Es wird erzählt, dass Archimedes von einem römischen Soldaten getötet wurde, weil er zu sehr in mathematische Gedanken vertieft war, um Befehlen zu folgen. Der Soldat sollte ihn entwaffnen, aber Archimedes zeichnete mit seinen mathematischen Instrumenten große Kreise in den Sand und sagte: „Störe meine Kreise nicht!" Plutarch schrieb über Archimedes, dass er in seinen mathematischen Gedanken so aufging, dass er zu essen und zu trinken vergaß.

Das Archimedes-Palimpsest

Im Jahr 1906 wurden unbekannte Werke von Archimedes entdeckt. Das „Archimedes-Palimpsest" genannte Originalmanuskript war im Mittelalter mit religiösen Texten überschrieben worden. Einige Teile waren nach längerer Suche zu entziffern, aber erst am Ende des 20. Jahrhunderts wurde das Manuskript durch digitale Verarbeitung vollständig verfügbar. Der bemerkenswerteste Teil des Manuskripts ist das einzige bekannte Zeugnis der Exhaustionsmethode, um Flächeninhalte ebener Figuren

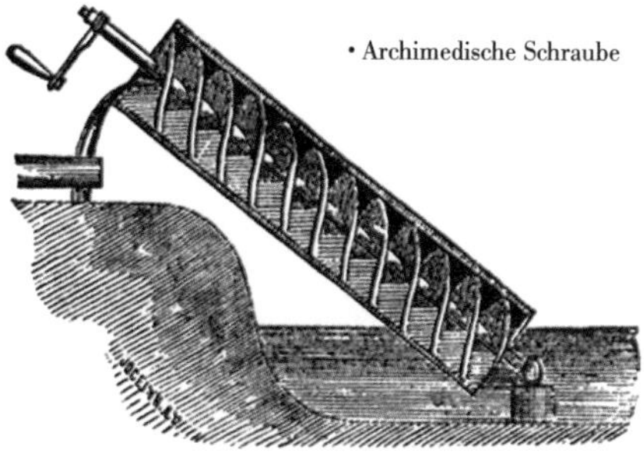

• Archimedische Schraube

sowie Oberflächen und Volumen von Kugeln, Kegeln und Zylindern zu bestimmen.

Archimedes' Werk

Aus den Schriften des Archimedes geht hervor, dass er ein vielseitiger Mathematiker war: *Das Gleichgewicht von Flächen* untersucht die Mechanik unter geometrischen Aspekten, in *Die Quadratur der Parabel* wird die Fläche unter einem Parabelsegment berechnet; *Über Kugel und Zylinder* betrachtet Oberflächen und Volumina; *Über Spiralen* behandelt Eigenschaften von Spiralen, *Über Konoide und Sphäroide* untersucht verschobene und gedrehte Kegel und Kugeln und *Über treibende Körper* behandelt die Hydrostatik. *Die Vermessung von Kreisen* verfolgt den Ansatz den Wert der Zahl π zu bestimmen und der *Sand-Rechner* schaut auf die Zahlentheorie.

Exhaustionsmethode

Archimedes vermutete, dass die Fläche eines Kreises durch die Berechnung der Fläche eines Dreiecks berechnet werden könne, dessen Höhe dem Radius und dessen Grundseite dem Kreisumfang entspricht.

Er erbrachte den Beweis für diese Methode, indem er einen Kreis zusammen mit seinem einbeschriebenen und umgeschriebenen Quadrat nahm und so ein Vieleck mit immer mehr Seiten konstruierte.

Die eingeschriebenen und umgeschriebenen Vielecke des Kreises werden immer mehr dem Kreis ähneln, wenn die Anzahl der Ecken zunimmt. Jedes der Vielecke ist aus Dreiecken zusammengesetzt (verbinde die Eckpunkte mit dem Kreismittelpunkt). Der Flächeninhalt eines solchen Dreiecks ist dann gleich dem halben Produkt des Radius mit der Seitenlänge des Vielecks. Der Flächeninhalt des Kreises kann näherungsweise durch den Flächeninhalt des Vielecks angegeben werden, wobei dafür die Fläche eines solchen Dreiecks mit der Anzahl der Seiten des Vielecks zu multiplizieren ist. Der Flächeninhalt ist identisch mit dem halben Produkt des Radius mit der Summe aller Seiten des Vielecks, was dem halben Produkt von Radius um Umfang des Vielecks gleicht. Archimedes bewies, dass die einbeschriebenen und umgeschriebenen Vielecke eines Kreises immer mehr einem Kreis gleichen, so dass letzten Endes der Kreis zu einem Vieleck mit einer „unendlichen Anzahl" Seiten wird.

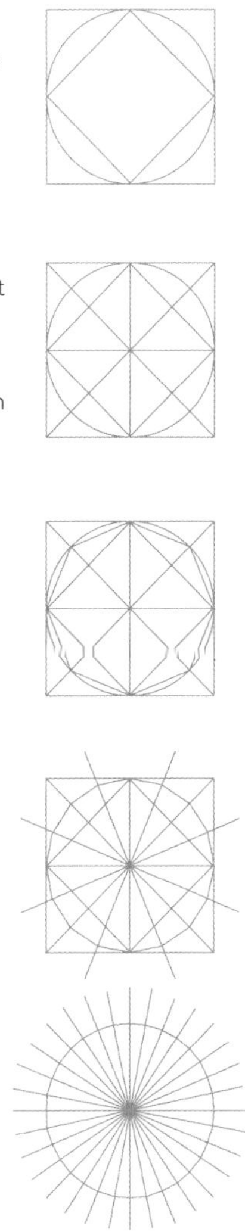

• Sukzessive Annäherungen zur Kreisfläche erlaubten Archimedes definierte den Kreis als ein Vieleck mit einer unendlich vielen Seiten zu definieren.

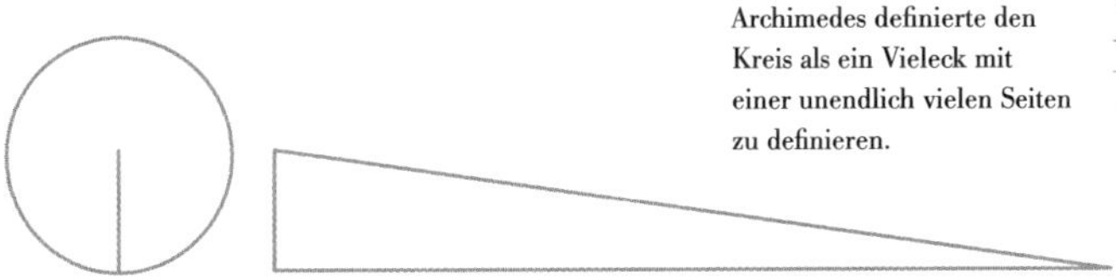

Kapitel

3

Mutig voranschreiten

Vieles aus Euklids Werk *Die Elemente* bezieht sich auf den zweidimensionalen Raum, die Ebene. Aber zum Ende dieser Schrift wendet er sich dem dreidimensionalen Raum und insbesondere den Körpern zu, die eine höchst regelmäßige Gestalt besitzen. Euklid hätte sich allerdings nie vorstellen können, dass Mathematiker eines Tages über die Idee begeistert sein würden, dass die Anzahl der Dimensionen nicht bei drei endet.

PLATONISCHE KÖRPER

Wir leben in einer dreidimensionalen Welt und es ist überraschend, dass frühere Geometer wenig Zeit darauf verwandten, diese zu untersuchen. Das lag vielleicht an den Schwierigkeiten, dreidimensionale Objekte zweidimensional wiederzugeben. Mathematiker des Altertums zeichneten ihre Figuren oft in den Sand. Euklid beschrieb allerdings in *Die Elemente* die mathematisch bedeutenden Figuren, die dreidimensionalen platonischen Körper.

Regelmäßige Figuren

In Kapitel 2 haben wir die Konstruktion von regelmäßigen Vielecken (ein Vieleck mit gleichen Winkeln und Seiten von gleicher Länge) behandelt. Ein dreidimensionales Polyeder ist regelmäßig, wenn es die zwei folgenden Voraussetzungen erfüllt:

- Alle Flächen (die flachen Grenzflächen eines Polyeders) haben die Form des regelmäßigen Vielecks.
- An allen Eckpunkten (die Punkte, wo sich die Kanten treffen) grenzt stets die gleiche Anzahl von Flächen.

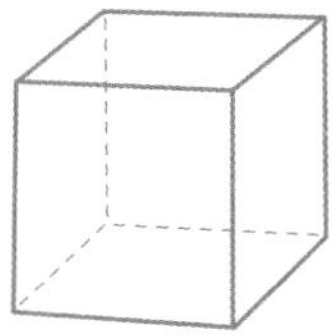

• Der Würfel besitzt 8 Eckpunkte, 12 Kanten und 6 Flächen.

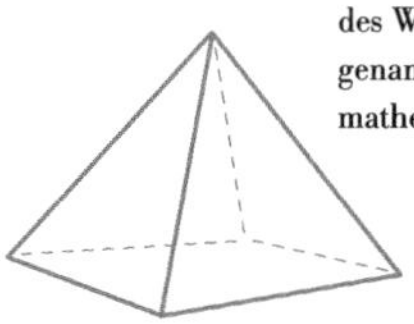

• Eine Pyramide mit einem Quadrat als Grundfläche kann im alltäglichen Sinn des Wortes regelmäßig genannt werden, ist aber mathematisch nicht regulär.

Der vertraute Würfel ist ein regelmäßiges Polyeder: es besitzt sechs Quadrate als Seitenflächen und acht Eckpunkte, an die jeweils drei Flächen grenzen. Eine quadratische Pyramide hat viele Symmetrien und würde gewöhnlich als regelmäßig beschrieben werden. Sie ist allerdings mathematisch nicht regelmäßig, weil nicht alle Flächen dieselbe Form haben: es gibt vier dreieckige Flächen und eine quadratische. Ein Polyeder kann aus sechs gleichseitigen Dreiecken konstruiert werden, hat aber keine regelmäßige Form, weil sich in zwei Eckpunkten drei Dreiecke treffen und in den übrigen drei Eckpunkten vier.

Theoretisch gibt es unendlich viele regelmäßige Polygone (Vielecke). So können wir ein 720-seitiges Vieleck konstruieren, bei dem alle Seiten gleich lang und alle Innenwinkel identisch sind. Können wir auch eine unendliche Anzahl regelmäßiger Polyeder konstruieren? Euklid erkannte, dass die Frage mit „Nein" beantwortet werden muss. Es gibt nur fünf regelmäßige Polyeder, welche als Platonische Körper bekannt wurden.

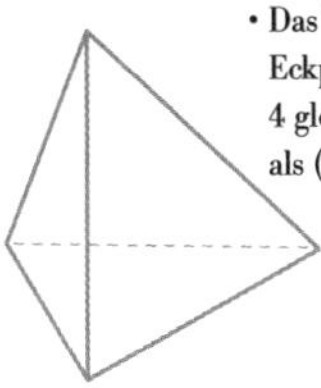

• Das Tetraeder hat 4 Eckpunkte, 6 Kanten und 4 gleichseitige Dreiecke als (Seiten-)Flächen.

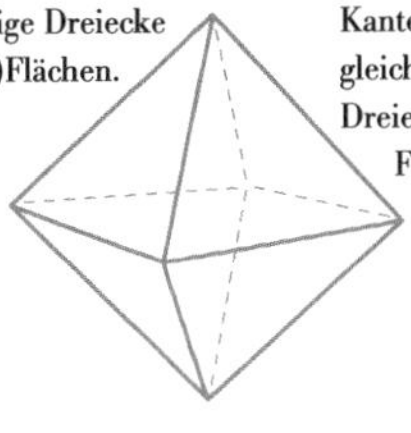

• Das Oktaeder hat 6 Eckpunkte, 12 Kanten und 8 gleichseitige Dreiecke als Flächen

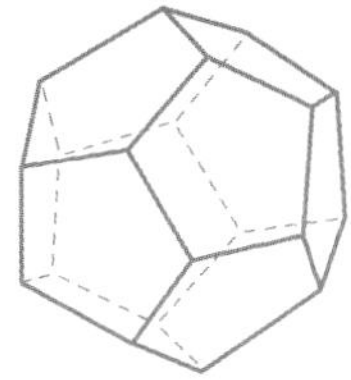

• Das Dodekaeder hat 20 Eckpunkte, 30 Kanten und 12 regelmäßige Fünfecke als Flächen.

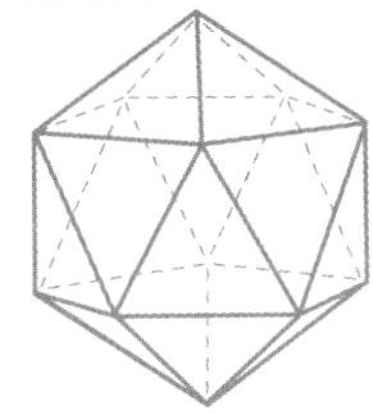

• Das Ikosaeder hat 12 Eckpunkte, 30 Kanten und 20 gleichseitige Dreiecke als Flächen.

Die fünf Platonischen Körper

Es gibt nur drei regelmäßige Vielecke, die ein regelmäßiges Polyeder begrenzen können. Sechs Quadrate begrenzen einen Würfel, der einzige Platonische Körper mit quadratischen Seitenflächen. Gleichseitige Dreiecke begrenzen drei verschiedene Platonische Körper. Die Oberfläche des Tetraeders besteht aus vier gleichseitigen Dreiecken, die des Oktaeders aus acht und die des Ikosaeders aus zwanzig. Das Dodekaeder wird von zwölf regelmäßigen Fünfecken begrenzt.

Das Fünfeck

Wir sahen in Kapitel 2, wie man ausschließlich mit Zirkel und Lineal gleichseitige Dreiecke und Quadrate konstruieren kann. Die Konstruktion eines regelmäßigen Fünfecks gestaltete sich ungleich schwieriger. Euklid war fasziniert von den Eigenschaften des Fünfecks. Ein Fünfeck ist besonders: das Verhältnis zwischen der Länge einer Diagonalen eines Fünfecks und dessen Seitenlänge ist der Goldene Schnitt $\frac{(1+\sqrt{5})}{2}$ (siehe S. 64-65). Obwohl die Entdeckung irrationaler Zahlen Hippasus zugeschrieben wird, scheint es so, dass auch Euklid von ihnen durch sein Studium der platonischen Körper eine Vorstellung hatte. Einige Mathematik-Historiker legen nahe, dass Euklid eigentlich an den irrationalen Zahlen interessiert war und dass die Platonischen Körper nur als Mittel dazu dienten. Die Zahlentheorie, die Euklid für sein Studium der regelmäßigen Körper einführte, wird nicht benötigt, um die Körper selbst zu begreifen. So scheint es, dass er versuchte, irrationale Zahlen durch die Hintertür einzuführen.

DIE PLATONISCHEN KÖRPER UND *DIE ELEMENTE*

Die Pythagoreer ordneten die Platonischen Körper den vier klassischen Elementen zu:

Tetraeder = Erde
Würfel = Wasser
Oktaeder = Luft
Dodekaeder = Feuer

Und das Ikosaeder? Dieses assoziierten sie mit der *quinta essentia*, was fünfte Substanz oder Element bedeutet!

Platon

Platon ist wahrscheinlich einer der größten Philosophen aller Zeiten. A.N. Whitehead, ein Mathematiker und Philosoph, schrieb über ihn: „Alle Philosophie ist nur eine Fußnote bei dem Werk von Platon."

Platon schrieb anstelle von philosophischen Verhandlungen Dialoge, worin er von der sokratischen Methode Gebrauch machte. In solchen Fragegesprächen werden wichtige philosophische Fragen gestellt, wobei die Gesprächspartner herausgefordert werden, intensiv nachzudenken. Durch logische Analyse und die Untersuchung von Ideen als Rechtfertigung können die Gesprächspartner ihre eigene Ethik entwickeln.

- Es wird erzählt, dass über der Tür von Platons Akademie geschrieben stand: „Lass niemanden hier eintreten, der die Geometrie nicht kennt."

Platons Ideen und Lehrmethoden hatten einen großen Einfluss auf die Unterrichtstheorien in der westlichen Welt. Er hielt Mathematikunterricht für sehr wichtig und legte den Nachdruck auf akkurate Definitionen und deutliche Hypothesen..

Das Leben Platons

Platon wurde 428 v. Chr. in Athen geboren und verstarb 348 v. Chr. Es wird erzählt, dass, als Platon noch ein Baby war, sich eine Biene auf seine Lippen setzte und ihm süße Worte vorsagte, die er später sprechen würde. Platon war sein Beiname, was breit bedeutet, weil er die breiten Schultern eines Ringers hatte.

Platons Familie war wohlhabend und einflussreich. Platon interessierte sich für Politik, aber wurde durch das politische Chaos in Athen desillusioniert. Er traf Sokrates etwa 409 v. Chr. und wurde sein begeisterter Schüler. Sokrates forderte seine Schüler auf, ihre Ideen und Überzeugungen, was Gerechtigkeit und Güte betrifft, kritisch zu prüfen. Die Athener Herrscher betrachteten diesen Ansatz allerdings als Staatskritik. Sokrates wurde 399 v. Chr. wegen seines schlechten Einflusses

„Mein werter Freund, die Geometrie wird die Seele auf die Wahrheit richten und einen philosophischen Geist entstehen lassen, wodurch das, was nicht nach unten fallen darf, aufgerichtet wird."

***Platon,* Die Republik**

DIE SOKRATISCHE METHODE

Platon benutzt in seinen Schriften, was wir heute die sokratische Methode nennen. Die Sokratischen Dialoge Platons besitzen folgende Merkmale:

- Sie haben die Form eines Dialogs, nicht die einer Vorlesung oder Demonstration.
- Der Dialog findet zwischen einem Lehrer und einem Schüler statt.
- Die Dialoge sind ein didaktisches Lehrmittel.
- Sie basieren auf Ironie und dem Prinzip des Teufels Advokat.

Die Sokratische Methode macht von Dialogen Gebrauch, um bessere Hypothesen durch sorgfältiges Erkennen zu finden, und jede die zu logischen Widersprüchen führt, abzuweisen. Dem Schüler werden einige Fragen gestellt, so dass er selbst seine Überzeugung entdeckt. Die sokratische Methode lehrt wie man denken muss, nicht was man denken muss.

auf die Jugend zum Tode verurteilt. Platon verließ nach dem Tode von Sokrates Athen und reiste zwölf Jahre durch Ägypten, Sizilien und Italien, wo er seine philosophischen und wissenschaftlichen Ideen entwickelte und seine ersten Werke schrieb.

Als er nach Athen zurückkehrte, gründete Platon eine Schule, die er die „Akademie" – nach dem Landeigentümer Akademos – nannte. Viele wichtige Intellektuelle aus dem Altertum genossen hier Unterricht, unter anderem Aristoteles, der sich im Alter von 18 Jahren der Schule anschloss und dort 20 Jahre bis zum Tode Platons blieb. Die Akademie wurde erst Jahrhunderte später im Jahr 529 n. Chr. geschlossen, weil sie als eine Bedrohung des Christentums betrachtet wurde. An der Akademie wurde Philosophie, Naturwissenschaften, Astronomie und Mathematik gelehrt. In den ersten Jahren ihres Bestehens veröffentlichte Platon die Werke aus seiner mittleren Periode, wozu *Die Republik* gehört, ein philosophisches Werk über Gerechtigkeit und die Rolle des Individuums in der Gesellschaft.

Platon vertiefte sich in die Politik von Syrakus und wurde dort einige Jahre gefangen gehalten. Er kehrte nach Athen und zur Akademie zurück und publizierte seine letzten Werke, in denen er mit der Sokratischen Methode die Themen Tanz, Musik, Poesie, Architektur, Drama, Ethik, Mathematik, Politik, Religion und Erkenntnistheorie behandelte. Eins dieser Werke ist *Timaeus*, worin Platon die Theorie der Platonischen Körper beschreibt, die später Grundlage von Euklids Werk sein sollte. Platon hat bis zum seinem Tod unterrichtet, diskutiert und geschrieben und starb mit mehr als 80 Jahren.

Übung 12

Würfel einfärben

DIE AUFGABE:

Maria fertigt einige hölzerne Würfel als Bausteine für ihre Tochter. Sie hat sechs Farben zur Verfügung und will jede Seite eines jeden Würfels in einer dieser Farben färben. Maria möchte ferner, dass jeder Würfel alle sechs Farben zeigt und dass jeder Würfel sich von den anderen unterscheidet. Wie viele Würfel kann sie herstellen?

DIE METHODE:

Maria hat sechs Farben – rot, orange, gelb, grün, blau und violett –, die wir mit den Buchstaben *r*, *o*, *g*, *gr*, *b* und *v* bezeichnen.

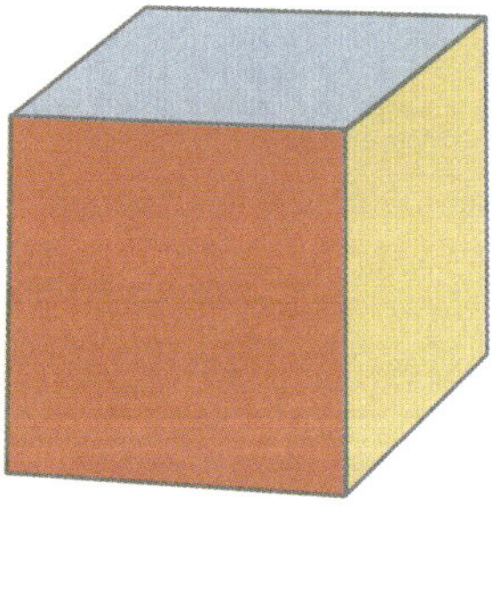

Wir müssen erst herausfinden, was mit unterschiedlich gemeint ist. Zwei Würfel können in dem Sinne unterschiedlich sein, dass sie nicht so gedreht und positioniert werden können, dass die Anordnung der Farben dieselbe ist. Die entfalteten Würfel auf der folgenden Seite scheinen verschieden zu sein. Aber wenn die Würfel A und C zusammengesetzt werden, sieht man, dass beide dieselbe Farbanordnung besitzen. Das Netz des Würfels B ergibt allerdings eine andere Farbanordnung. Wie kann Maria die verschiedenen Färbungen ermitteln? Maria beginnt so, dass sie erst nur die vordere Fläche berücksichtigt, wofür sie eine Farbe wählt, sagen wir: rot.

A B C

Für die der roten Fläche gegenüberliegende stehen fünf Farben zur Verfügung. Maria entscheidet sich für orange. Die vier restlichen Farben müssen auf die Flächen zwischen der roten und der orangen Fläche aufgetragen werden. Es gibt sechs verschiedene Arten, dies zu tun:

g, gr, b, v

g, gr, v, b

g, b, gr, v

g, b, v, gr

g, v, gr, b

g, v, b, gr

(Die Varianten mit grün, blau oder violett an erster Position ergeben keine neuen Farbkombinationen, da der Würfel immer so gedreht werden kann, dass die Färbung schon aufgetreten ist.)

Angenommen, dass wir die vordere Fläche rot malen und die Fläche ihr gegenüber gelb. Auch dann gibt es wieder sechs verschiedene Färbungen für die übrigen Flächen. Dasselbe gilt für grün gegenüber rot, dann blau und dann violett gegenüber rot.

Es gibt fünf verschiedene Farben, die sich gegenüber der roten Fläche befinden können und für jede dieser fünf Farben gibt es sechs verschiedene Arten, die übrigen Flächen einzufärben. Also gibt es insgesamt 5 x 6 = 30 verschiedene Farbkombinationen.

DIE LÖSUNG:

Maria kann dreißig verschiedene Würfel bemalen. Gerade als sie die Absicht hat, das zu tun, findet sie einen Topf mit weißer Farbe. Sie fragt sich, wie viele verschiedene Würfel sie mit sieben Farben einfärben kann, wobei sie nur sechs pro Würfel verwendet.

Übung 13

Größter Würfel

DIE AUFGABE:

Armin ist Schachtelproduzent und hat jahrelang Würfelnetze aus quadratischen Kartonstücken gestanzt. Die Grafik rechts zeigt ein Beispiel. (Falzen, um die Seiten zusammenzufügen, bleiben hier unbeachtet.)

Eines Tages fragt er sich, ob er aus einem ebenso großen Stück quadratischen Kartons einen Würfel ausschneiden kann, der, wenn er zusammengesetzt wird, ein größeres Volumen besitzt als die Würfel, die er früher fertigte. Was ist das größtmögliche Volumen eines Würfel, der aus einem quadratischen Stück Karton geschnitten werden kann.

DIE METHODE:

Armin kann die Seitenlänge des Kartons so wählen, dass er damit bequem arbeiten kann. Also fängt er mit einem quadratischen Stück Karton von 20 x 20 cm an (der Grund, dass er diese Maße wählt und nicht 4 x 4 cm, wird gleich deutlich). Jede Seite des originalen Würfels ist 5 cm lang, also das Volumen ist $5 \times 5 \times 5 = 125\ \text{cm}^3$. Vielleicht wird der Würfel ein größeres Volumen haben, wenn das Netz diagonal auf das Stück Karton gelegt wird.

• Das Netz des Würfels wird diagonal in das große Quadrat positioniert.

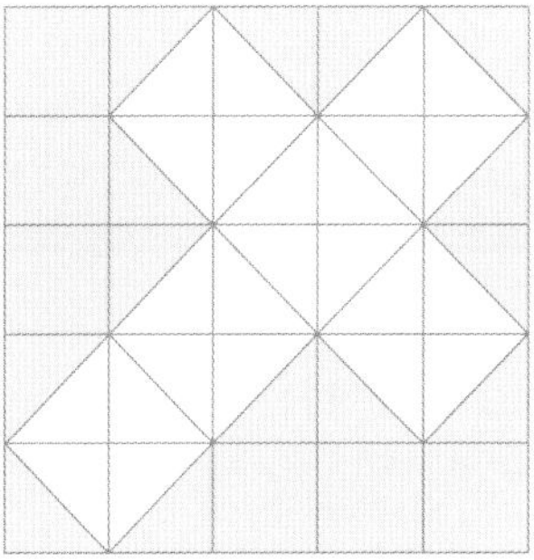

• Der Abstand der Rasterlinien beträgt 4 cm, Armin kann das Volumen des Würfels berechnen.

• Armins dritter Versuch ergibt einen Würfel mit einem Volumen, das fast dreimal so groß ist wie das des ersten Würfels.

Armin muss erst die Seitenlänge der Quadrate ermitteln, damit er das Volumen berechnen kann. Er markiert auf dem quadratischen Karton Rasterlinien im Abstand von 4 cm (darum die Wahl von 20 cm als Seitenlänge).

Er sieht jetzt, dass die Seiten eines jeden Quadrats die Hypotenuse eines rechtwinkligen Dreiecks mit den Kathetenlängen von je 4 cm sind. Mit Hilfe des Satzes des Pythagoras kann er die Seitenlänge seiner Quadrate berechnen: die Quadratwurzel von 32 ($4^2 + 4^2$) cm^2, was ungefähr 5,66 cm ergibt. Dieser Würfel besitzt also ein Volumen von etwas mehr als 181 cm^3. Das ist ungefähr 45 % mehr als das Volumen seines ursprünglich gefertigten Würfels. Armin kann nun ruhig schlafen. Er erwacht am kommenden Morgen allerdings mit einer neuen Eingebung: Er denkt, dass er einen noch größeren Würfel fertigen kann.

Hier ist die Seitenlänge eines Quadrats die Quadratwurzel aus 50 ($5^2 + 5^2$) cm^2, d. h. etwas mehr als 7 cm. Das Volumen des Würfels ist etwa 354 cm^3.

DIE LÖSUNG:

Armin kann aus demselben Stück Karton einen Würfel fertigen, der ein fast dreimal so großes Volumen wie das Original besitzt und auf diese Weise viel weniger Karton verschwenden.

ARCHIMEDISCHE KÖRPER

Wenn man jemanden fragt, aus welcher geometrischen Form ein Fußball aufgebaut ist, wird er wahrscheinlich sagen: „Sechsecke". Aus Sechsecken kann man eine Ebene parkettieren, aber wie macht man aus einigen Sechsecken einen Ball? In Wirklichkeit ist ein Fußball eine Kombination aus Sechs- (Hexagonen) und Fünfecken (Pentagonen) zusammengesetzt und ist eins der mehr oder weniger kugelförmigen Polyeder, die Archimedes interessierten.

Abgestumpfter Würfel

Angenommen, ein Würfel besteht aus Lehm und ist völlig massiv. Es wird nun an einer Ecke ein Stück abgeschnitten, so dass eine neue ebene Fläche entsteht. Welche Form wird diese Fläche haben? Das Messer wird von den drei Quadraten , die sich in der Ecke treffen, ein Stück abschneiden, wodurch ein Dreieck entsteht. Wenn das akkurat erfolgt, wird ein gleichseitiges Dreieck entstehen. Wenn dies an allen acht Ecken angewandt wird, entsteht ein neues vierzehnseitiges Polyeder. Der abgestumpfte Würfel, vorausgesetzt, dass an den Ecken nicht zu viel abgeschnitten wird.

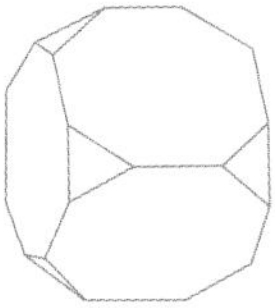

Das neue Polyeder hat sechs achteckige Seitenflächen (von den quadratischen Flächen) und acht dreieckige Flächen. Das ist natürlich kein regelmäßiger (Platonischer) Körper, weil die Flächen nicht gleich sind. Dieses Polyeder hat allerdings einige Eigenschaften mit den regulären Körpern gemein. Der Würfel kann so abgestumpft werden, dass alle Dreiecke gleichseitig sind und alle Achtecke regulär. Obwohl die Seitenflächen des abgestumpften Würfels aus zwei verschiedenen Vielecken (Polygonen) bestehen, sind sie alle gleichseitig. Der neue Körper hat 24 Ecken (3 für jede der ursprünglichen 8 Ecken). In jeder dieser Ecken kommt dieselbe Kombination von Vielecken zusammen: jeweils zwei Achtecke und ein Dreieck. Dieses Polyeder ist in vielerlei Hinsicht also doch regelmäßig und wird dann auch halbregulär genannt.

Abgestumpfte Platonische Körper

Wie beim Würfel kann man alle fünf Platonischen Körper zu halbregulären Polyedern umformen, indem man gleiche Stücke an den Ecken abschneidet. Wenn wir die neuen Ecken untersuchen, stellt sich heraus, dass in jedem halbregulären Polyeder die Ecken identisch ausschauen. Wir können diese Körper anhand der regelmäßigen Polyeder, die sich in den Ecken treffen, beschreiben. So können wir den abgestumpften Würfel beschreiben durch 3, 8, 8 oder als Dreieck, Achteck, Achteck. Auf der folgenden Seite sind die abgestumpften Tetraeder, Oktaeder, Dodekaeder und Ikosaeder abgebildet.

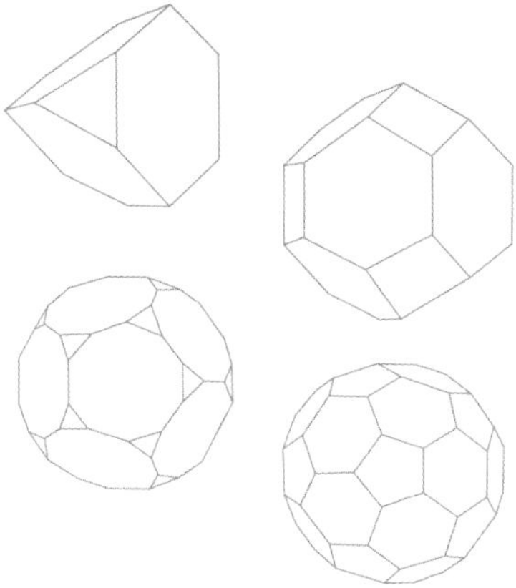

• Abgestumpftes Tetraeder (3, 6, 6)
• Abgestumpftes Oktaeder (4, 6, 6)
• Abgestumpftes Dodekaeder (3, 10, 10)
• Abgestumpftes Ikosaeder (5, 6, 6)

Wenn Sie ein Fußballfan sind, haben Sie wahrscheinlich schon bemerkt, dass der Fußball eigentlich ein abgestumpftes Ikosaeder ist. Der abgestumpfte Würfel hat genau wie alle anderen halbregulären Polyeder einen anderen Namen: abgestumpftes Hexaeder.

Duale Polyeder

Angenommen, dass immer Scheiben (in der Form von gleichseitigen Dreiecken) von den Eckpunkten des Würfels abgeschnitten werden. In der Mitte des Würfels werden sich die Schnitte treffen. Der abgestumpfte Würfel wird noch immer vierzehn Flächen besitzen, aber die Achtecke werden zu Quadraten. Die Notation für diese Form ist (3, 4, 3, 4), denn in jeder Ecke kommen ein Quadrat, ein Dreieck, ein weiteres Quadrat und noch ein Dreieck in dieser Reihenfolge zusammen. Dieses Polyeder wird auch Kuboktaeder genannt. Wenn beim Oktaeder die Ecken ebenfalls bis zur Kantenmitte abgeschnitten werden, entsteht ebenfalls ein Kuboktaeder. Das kommt dadurch, dass Würfel und Oktaeder zueinander duale Polyeder sind. Sie haben dieselbe Anzahl Kanten (zwölf) und die Anzahl der Seitenflächen des einen ist gleich der Anzahl der Ecken des anderen und umgekehrt. Der Würfel besitzt sechs Seitenflächen, das Oktaeder sechs Eckpunkte, das Oktaeder hat acht Flächen, der Würfel acht Eckpunkte. Stellt man sich in der Mitte einer jeden Seitenfläche eines hohlen Würfels den Punkt vor, so bilden diese Punkte die Ecken eines neuen Körpers. Wenn diese Punkte sinnfällig miteinander verbunden werden, entsteht ein Oktaeder. Auf dieselbe Weise bilden die Punkte in der Mitte der Seitenflächen eines Oktaeders die Ecken eines Würfels.

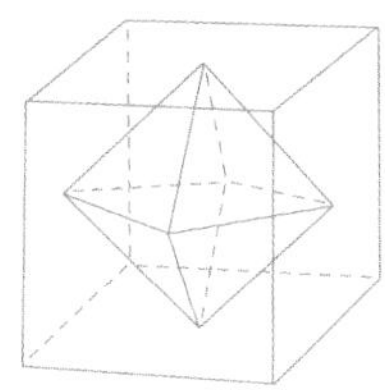

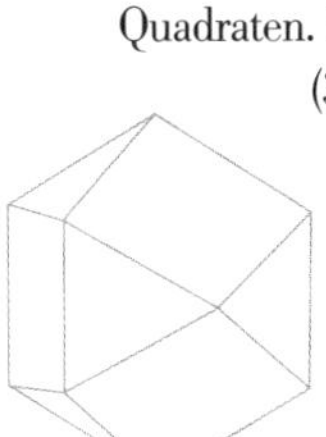

Das Dodekaeder und das Ikosaeder sind ebenfalls einander duale Polyeder. Wenn beide Polyeder bis zur Mitte ihrer Kanten abgestumpft werden, entsteht dasselbe halbreguläre Polyeder: Das Ikosidodekaeder (3, 5, 3, 5). Wenn man die fünf platonischen Körper abstumpft, entstehen sieben neue halbreguläre Polyeder. Gibt es noch mehr halbreguläre Polyeder? Ja, es scheint dreizehn solcher Körper zu geben. Diese wurden von Archimedes entdeckt und nach ihm benannt. Im Internet können Sie Abbildungen der anderen sechs halbregulären Polyeder finden.

Übung 14

Der Euler'sche Polyedersatz

DIE AUFGABE:

Leonhard spielt mit Polyedern herum und ist vom Gedanken fasziniert, dass manche Polyeder einander dual sind (siehe S. 85). Er fragt sich, ob das bedeutet, dass ein Zusammenhang zwischen der Anzahl der Seitenflächen, der Kanten und der Ecken eines Polyeders besteht. Eine systematische Sicht auf die Platonischen Körper offenbart, dass da eine Beziehung bestehen könnte.

DIE METHODE:

Es ist wahrscheinlich das Beste, mit dem Würfel zu beginnen, weil man an einem Spielwürfel gut die Ecken, Kanten und Flächen abzählen kann. Ein Würfel besitzt sechs Seitenflächen, zwölf Kanten und acht Ecken.

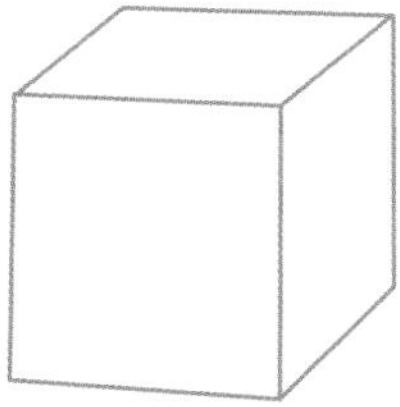

Körper	Seiten (F)	Kanten (K)	Eckpunkte (E)
Würfel	6	12	8

Die folgende Tabelle enthält die Eigenschaften aller Platonischen Körper.

Körper	**Seiten (F)**	**Kanten (K)**	**Eckpunkte (E)**
Würfel	6	12	8
Tetraeder	4	6	4
Oktaeder	8	12	6
Dodekaeder	12	30	20
Ikosaeder	20	30	12

Bevor Sie weiterlesen, können Sie vielleicht nach einem Zusammenhang zwischen den Zahlen in der Tabelle suchen. Die Tatsache, dass die Platonischen Körper ein duales Polyeder besitzen, bedeutet, dass die Werte von E und F in der Gleichung austauschbar sind. Die Gleichung kann also nicht so etwas wie 2E + 5F enthalten, weil 2F + 5E dann nicht denselben Wert liefern würde. Aus der Tabelle kann folgende Gleichung abgeleitet werden:

$E - K + F = 2$

Diese Gleichung ist bekannt als der Euler'sche Polyedersatz. Aber stimmt diese Gleichung auch für andere Polyeder wie z.B. das hexagonale Prisma oder die quadratische Pyramide?

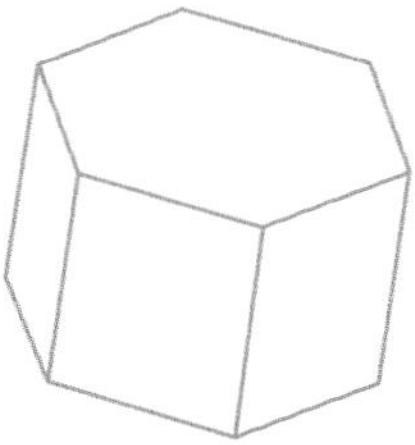

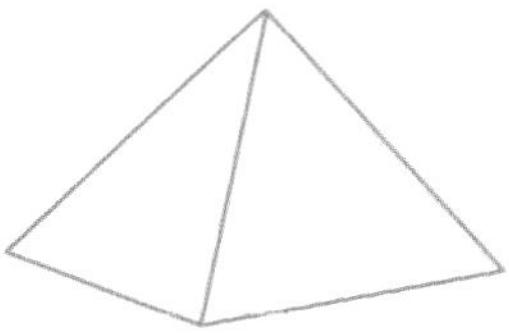

DIE LÖSUNG:

Der Euler'sche Polyedersatz zeigt, dass es einen Zusammenhang zwischen der Anzahl der Flächen, der Ecken und der Kanten in massiven Körpern besteht. Aber er gilt nicht für alle möglichen, durch ebene Flächen begrenzte Körper. Untersuchen Sie das Polyeder, das rechts abgebildet ist. Die Vorder- und die Rückseite sind nicht flach, sondern weichen etwas zurück. Dieses Polyeder besitzt 16 Flächen, 16 Ecken und 32 Kanten. Die Formel E – K + F liefert den Wert Null. Später werden wir sehen, dass Körper mit Löchern Mathematiker vor viele neue Herausforderungen stellten.

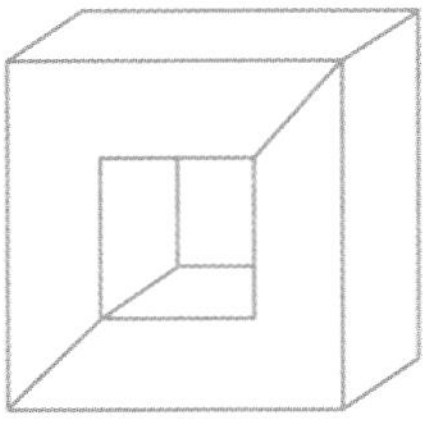

KARTESISCHE KOORDINATEN

Landkarten sind ein Teil unseres täglichen Lebens. Wir betrachten es als selbstverständlich, dass wir einen Ort finden können, indem wir spezielle Koordinaten gebrauchen. Euklid und seine Schüler hatten sich nur mit den Eigenschaften der Objekte selbst beschäftigt. Und erst im 16. Jahrhundert beschäftigten sich die Geometriker mit der Frage, wie der Ort von Objekten im Raum wiedergegeben werden kann.

Eine Fliege untersuchen

Es wird erzählt, dass, während Descartes im Bett lag, er eine Fliege um seinen Kopf fliegen sah. Er fand heraus, dass er jede Position dieser Fliege mit nur drei Zahlen beschreiben konnte. Dies inspirierte ihn dazu, das später nach ihm benannte Kartesische Koordinatensystem zu entwickeln.

Zuerst behandeln wir die Koordinaten in zwei Dimensionen (vergleiche auch S. 37). Koordinaten beschreiben die Position eines Punktes (P) in der Ebene. Ein anderer Punkt wird als Ursprung gewählt, durch den zwei senkrecht aufeinander stehende Achsen (Zahlengeraden) verlaufen. Diese Achsen werden gewöhnlich als x-Achse und *y*-Achse bezeichnet. Auf dem Papier werden sie durch eine horizontale *x*-Achse und eine vertikale gerade *y*-Achse wiedergegeben, mehr aus Gründen der Bequemlichkeit als aus mathematischer Notwendigkeit. Die Position von P wird durch zwei Zahlenwerte beschrieben, wobei vom Punkt P jeweils das Lot auf die *x*-Achse und die *y*-Achse gefällt wird und die Zahlenwerte

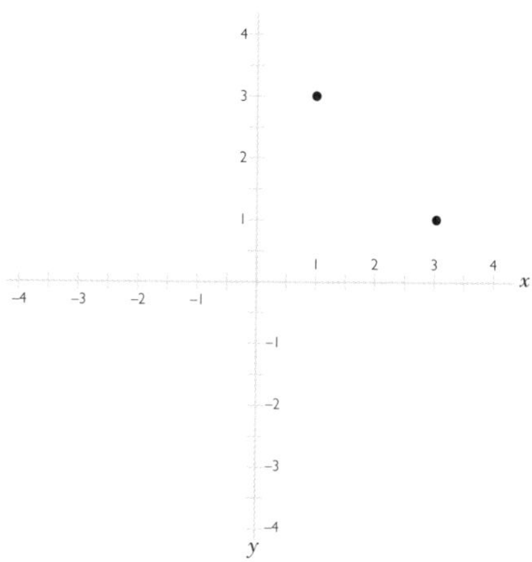

x und *y* an den Lotfußpunkten abgelesen werden. Zur Vermeidung von Verwirrungen werden diese Zahlenwerte als (x, y) notiert. Mit (3,1) und (1,3) werden verschiedene Positionen beschrieben (siehe Grafik). (0,0) bezeichnet den (Koordinaten-)Ursprung.

Drei Dimensionen

Descartes erkannte, dass alles, was sich nicht in der Ebene befindet, eine dritte

Zahlenangabe benötigt, damit eine Position im Raum beschrieben werden kann, nämlich wie weit über bzw. unter der festgelegten Ebene sich die Position befindet. Eine dritte Achse beginnt in dem Ursprung und steht sowohl zur x- wie auch zur y-Achse senkrecht. Diese Achse nennen wir die z-Achse und die Notation einer Position im Raum lautet (x, y, z).

Ebene Flächen werden zweidimensional genannt, weil wir zwei Koordinatenwerte benötigen, um den Punkt zu lokalisieren. Der Raum, der uns umgibt, ist dreidimensional. Wenn wir nur eine Gerade betrachten und einen Punkt auf dieser Geraden lokalisieren wollen, benötigen wir nur einen Zahlenwert. Geraden sind also eindimensional.

Mehr als eine Fußnote

Descartes beschrieb sein Koordinatensystem zunächst als Anhang – „La Géometrie“ – in seinem Werk *Discours de la Méthode*. Geometrie und Algebra sind nicht länger gesonderte Disziplinen. Geometrische Formen können in algebraischen Termen ausgedrückt werden, und die Geometrie drückte sich nicht länger nur in Zeichnungen aus. Gleichzeitig erhielten algebraische Ausdrücke Form und Bedeutung durch geometrische Darstellungen.

So repräsentiert eine Gleichung mit x und y in der Ebene meist eine Gerade. Ferner bedeutet zum Beispiel $x^2 + y^2 = 1$, dass die Punkte (x, y) 1 Einheit vom Ursprung entfernt sind. Überträgt man diesen Gedanken auf drei Dimensionen, so führt dies zu allen Punkten, die der Gleichung $x^2 + y^2 + z^2 = 1$ genügen,

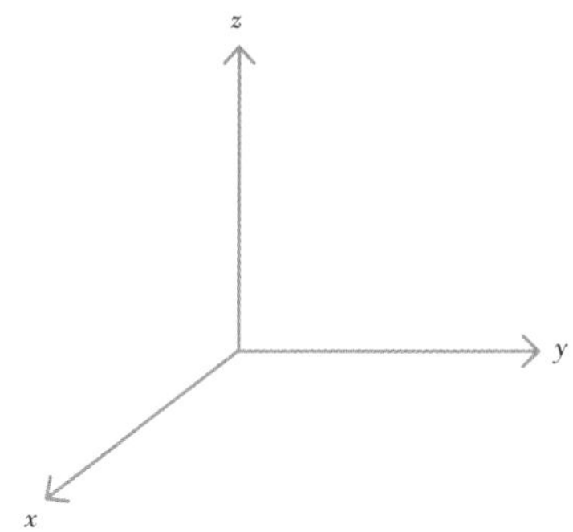

und alle Punkte (x, y, z) beschreibt, die auf einer Kugeloberfläche um den Ursprung mit dem Radius von 1 Einheit liegen.

Fermats letzter Satz

Zu derselben Zeit, in der Descartes sein Koordinatensystem entwickelte, studierte Fermat die Geometrie von Kurven und entwickelte dabei ein eigenes Koordinatensystem. Fermat benutzte ebenfalls Achsen, um zwei Koordinaten (x, y) zu erzeugen. Im Gegensatz zu Descartes mussten bei Fermat die Achsen nicht per Definition senkrecht zueinander stehen. Fermat ist mehr wegen seiner Beiträge zur Zahlentheorie und seines letzten Satzes bekannt. Von Pythagoras wissen wir, dass die Gleichung $x^2 + y^2 + z^2$ auch Lösungen mit positiven ganzzahligen Werten für x, y und z besitzt. Zum Beispiel $3^2 + 4^2 = 5^2$ oder $5^2 + 12^2 = 13^2$. Fermats letzten Satz besagt, dass die Gleichung $x^n+y^n = z^n$, mit $n > 2$, keine positiven ganzzahligen Lösungen (x, y, z) besitzt. Fermat behauptete, einen Beweis gefunden zu haben, den er allerdings nicht niederschrieb. Erst Andrew Wiles lieferte 1994 einen vollständigen Beweis.

Übung 15

Vierdimensionale Würfel

DIE AUFGABE:

Der Autor H.G. Wells fragte sich, warum wir uns auf nur drei Dimensionen beschränken müssten. Warum breiten wir die Geometrie nicht auf vier oder mehr Dimensionen aus? Es ist vielleicht nicht möglich, einen vierdimensionalen Würfel in der realen Welt zu konstruieren, aber können wir einen in einer mathematischen Welt konstruieren? Wie definieren wir einen vierdimensionalen Würfel?

DIE METHODE:

Kartesische Koordinaten bringen uns in die Lage, den Ort von Objekten im Raum zu beschreiben. Lassen Sie uns anfangen mit einem einfachen Quadrat mit Seiten von 1 Einheit. Wir positionieren das Quadrat mit einem Eckpunkt in den Ursprung der Koordinatenachsen. Die Positionen der vier Eckpunkte sind dann (0,0), (0,1), (1,0) und (1,1). Wir können eine neue Achse kreieren, die *z*-Achse, die aus der Seite in einem rechten Winkel zur *x*- und *y*- Achse aufsteigt. So entsteht ein Koordinatensystem, in dem die Eckpunkte des Würfel konstruiert werden können. Wir können auch ein zweidimensionales Quadrat von der eindimensionalen Geraden aus konstruieren. Wir zeichnen auf jeder Achse eine Gerade ein, indem wir nur den Beginn und das Ende der Geraden markieren. Der Anfangspunkt auf der Geraden liegt im Ursprung mit der Koordinaten (0). Wenn die Gerade 1 Einheit lang ist, hat der andere Punkt die Koordinate (1). Jetzt können wir von der Geraden aus ein Quadrat und einen Würfel aufbauen.

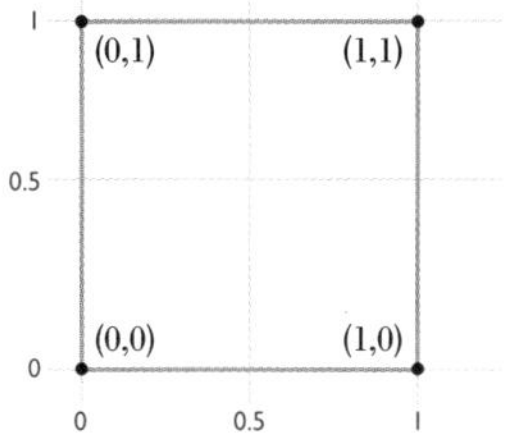

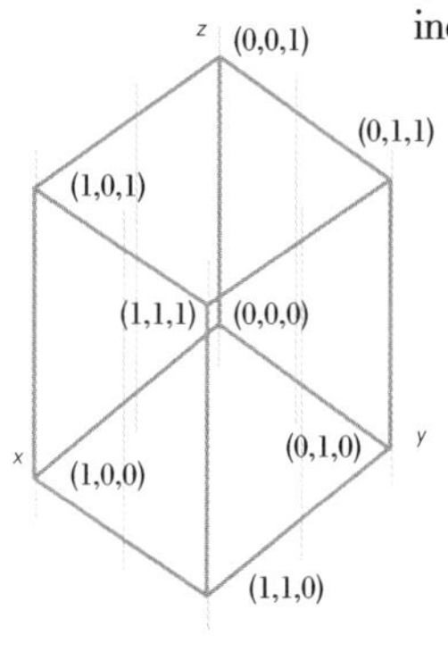

Anzahl der Dimensionen	Anzahl der Eckpunkte	Koordinaten
1	2	(0) (1)
2	4	(0,0) (0,1) (1,0) (1,1)
3	8	(0,0,0)
		(0,0,1)
		(0,1,0)
		(0,1,1)
		(1,0,0)
		(1,0,1)
		(1,1,0)
		(1,1,1)

Die Anzahl der Koordinaten, die nötig ist, eine Position zu beschreiben, ist gleich der Anzahl der Dimensionen. Ein Punkt in einem zweidimensionalen Raum hat zwei Koordinaten; ein Punkt in einem dreidimensionalen Raum hat drei. Wenn eine neue Dimension hinzugefügt wird, wird jede Koordinate mit einem zusätzlichen Wert von 0 oder 1 ergänzt. Wenn wir zum Beispiel von zwei zu drei Dimensionen gehen, wird die Koordinate (0,0) ergänzt zu (0,0,0) (derselbe Punkt auf der x-y-Achse = Fläche) und (0,0,1) (ein neuer Punkt, der durch die Einführung der z-Achse kreiert wird). Die Anzahl der Eckpunkte wird also jedes Mal verdoppelt, wenn eine neue Dimension hinzugefügt wird. Wir können nun aus der dritten Dimension eine vierte entwickeln. Die Anzahl der Eckpunkte wird dann auf 16 verdoppelt. Diese können wieder durch eine 0 und eine 1, durch Hinzufügen neuer Koordinaten und die schon bestehenden Koordinaten des Würfels gefunden werden.

(0,0,0,0)
(0,0,0,1)
(0,0,1,0)
(0,0,1,1)
(0,1,0,0)
(0,1,0,1)
(0,1,1,0)
(0,1,1,1)
(1,0,0,0)
(1,0,0,1)
(1,0,1,0)
(1,0,1,1)
(1,1,0,0)
(1,1,0,1)
(1,1,1,0)
(1,1,1,1)

DIE LÖSUNG:

Der hypothetische vierdimensionale Würfel ist bekannt als Hyperwürfel oder Tesserakt. Obwohl dieser nicht in der echten Welt konstruiert werden kann, können wir doch eine Vorstellung seines Bauplans entwickeln.

Salvador Dalí benutzte diese Form in seinem Gemälde *Christus Hypercubus*, in dem Christus an einem Tesserakt gekreuzigt wird.

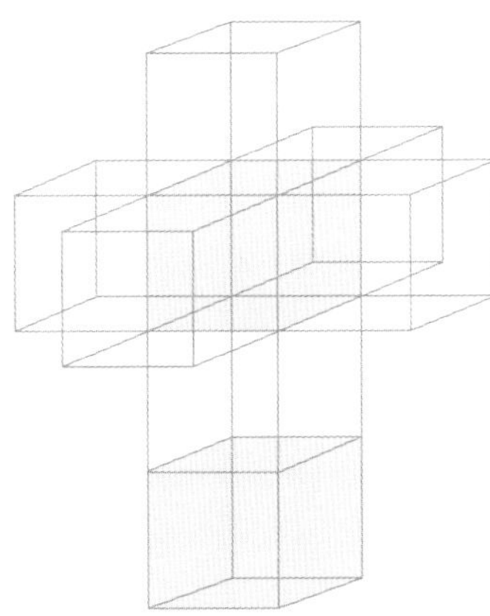

KOORDINATEN AUF EINER KUGEL

Wir haben gesehen, wie das kartesische Koordinatensystem Mathematikern die Möglichkeit bot, sich einen vierdimensionalen Würfel vorzustellen (siehe S. 90-91). Koordinaten bilden heute einen unverzichtbaren Teil unseres täglichen Lebens: vom Aufzeigen von Temperaturschwankungen bei einer Krankheit bis zur Feststellung des Horizonts in der digitalen Fotografie. Aber was passiert, wenn eine Oberfläche gebogen ist, wie zum Beispiel die Erde?

Orte auf einer Kugel

Beim Aufzeigen von Positionen auf einer Kugel (wir nehmen jetzt an, dass die Erde eine Kugel ist), wird noch immer von zwei Koordinaten Gebrauch gemacht. Diese Koordinaten geben allerdings nicht die Abstände auf den x- und y-Achsen wieder, sondern die Längen- und die Breitengrade.

Der Längengrad misst die Entfernung zum sogenannten Nullmeridian in Greenwich in östlicher und westlicher Richtung. Meridiane sind Großkreise mit der Mitte der Erde als Mittelpunkt des Kreises.

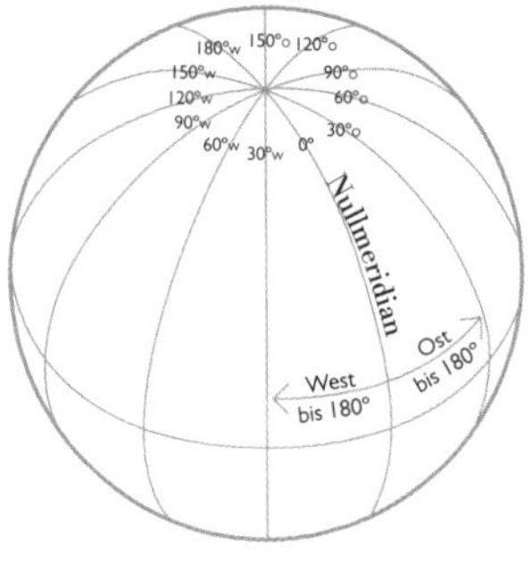

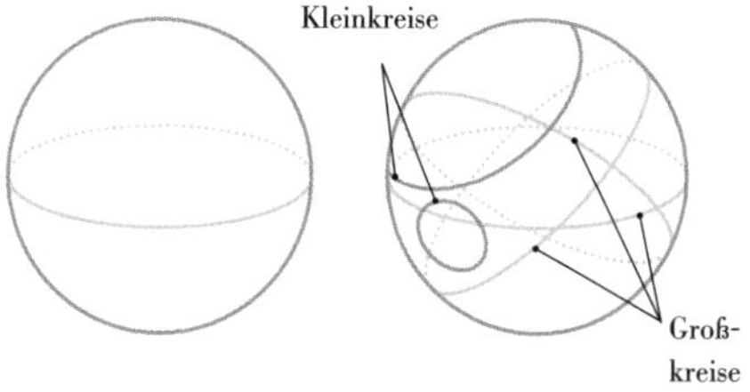

Jeder Großkreis auf einer Kugel teilt die Kugel in zwei gleiche Hälften, zwei Hemisphären. Zwei willkürlichen Punkte auf der Oberfläche einer Kugel können durch einen Großkreis miteinander verbunden werden. Sie können sich das vorstellen, indem Sie an eine Fläche zwischen diesen beiden Punkten und der Mitte der Kugel denken.

Parallelen oder Breitenkreise sind ebenso Kreise, die rund um die Erde gehen, aber nur einer davon ist ein Großkreis: der Äquator. Dieser Großkreis teilt die Erde in eine nördliche und eine südliche Halbkugel. Früher bestimmten Seefahrer ihre Position, indem sie mit Hilfe eines Sextanten den Winkel

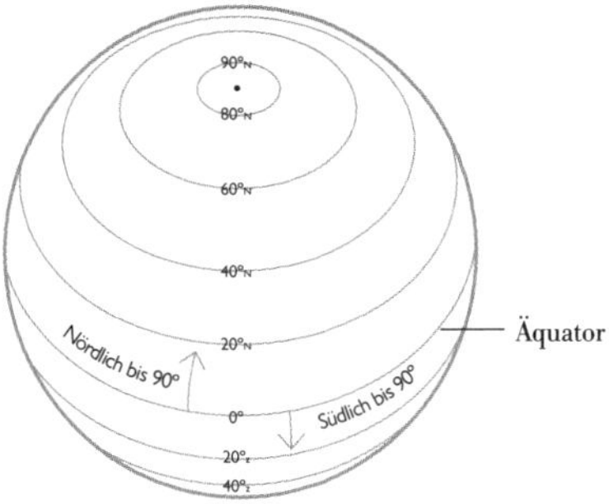

• Der Breitengrad misst den Winkel zwischen Erdoberfläche bis zur Sonne in ihrem Äquinoktialpunkt.

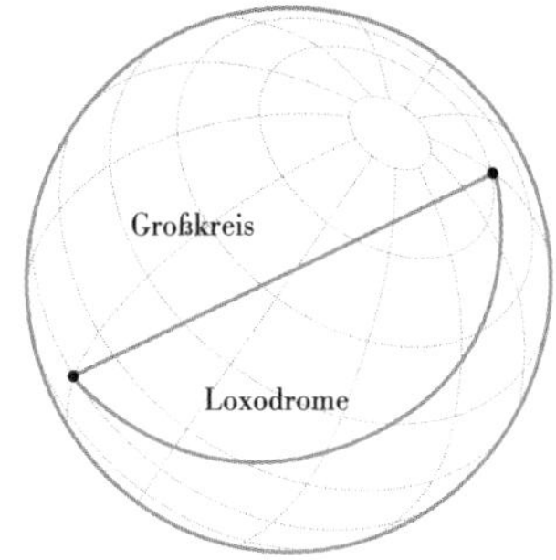

• Die Loxodrome weist eine Bahn auf, die auf einem Kompass mit fester Peilung beruht.

berechneten, den die Sonne zum Horizont bildete.

Das Berechnen des Längengrades ist nicht so einfach und war für Mathematiker und Seefahrer lange Zeit eine unlösbare Aufgabe. Das Studium des Sonnenaufgangs und -untergangs und die Bewegung der Sterne und des Mondes brachte letztendlich die Lösung. Seefahrer stellten eine Uhr bei Abreise exakt auf die Ortszeit ein und verglichen diese mit der Ortszeit auf ihrer Reise. So waren sie in der Lage, den Längengrad zu berechnen. 1736 erfand John Harrison einen Schiffschronometer, mit dem der Längengrad genau berechnet werden konnte. Diese Erfindung verringerte das Risiko, Schiffbruch zu erleiden. Heute hat das GPS Sextanten und Chronometer überflüssig gemacht.

Loxodrome

Wenn Sie beabsichtigen, von einem Punkt auf dem Globus zu einem anderen zu reisen und Sie reisen entlang eines Großkreises, der diese zwei Punkte miteinander verbindet, werden Sie, wenn Sie in derselben Richtung weiterreisen, wieder beim Ausgangspunkt ankommen.

Angenommen, ihr Ziel liegt der Karte nach östlich vom Ausgangspunkt (und Sie befinden sich in der nördlichen Hemisphäre und nicht auf dem Äquator). Wenn Sie mit Ihrem Kompass Kurs auf diesen östlichen Punkt nehmen und dem dazugehörenden Breitengrad folgen, befinden Sie sich genau genommen nicht auf einem Großkreis. Der Weg, dem Sie mit einem festgelegten Kurs folgen, ist eine Loxodrome. Anders als auf einem Großkreis werden Sie, wenn Sie weiter auf der Loxodrome reisen, nicht an demselben Punkt ankommen, an dem Sie starteten. Sie würden letztendlich einen der Pole erreichen, weil Sie in einer Spiralform reisen (siehe Abb.).

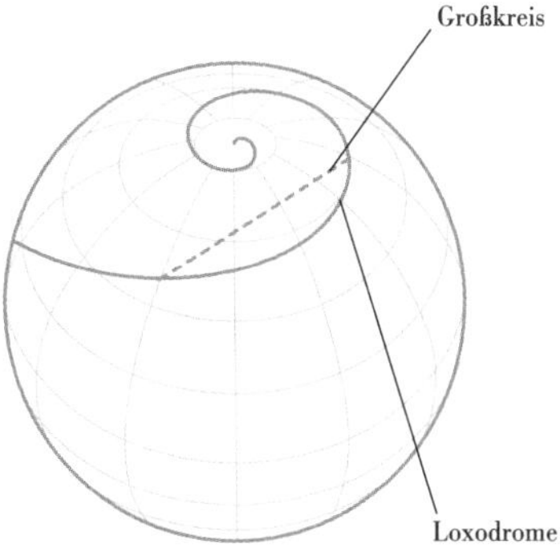

Übung 16

Flugstrecke

DIE AUFGABE:

Auf dem Flug von New York nach Rom macht Tanja es sich mit einem Gin Tonic gemütlich und betrachtet die Flugroute auf ihrem Bordunterhaltungssystem. Zu ihrem Erstaunen scheint das Flugzeug nicht die direkte Route zu nehmen. Nach der Karte im Flugzeugmagazin müsste das Flugzeug fast genau nach Osten fliegen. Aber die Flugroute auf dem Monitor zeigt an, dass es in nördlicher Richtung fliegt. Ist das richtig oder ist der Pilot eingeschlafen?

DIE METHODE:

Lassen Sie uns ein einfaches Modell schaffen, um zu verstehen, was hier geschieht. Setzen wir voraus, dass der Radius der Erde 1 Einheit beträgt (wir können das später noch ändern) und nehmen wir an, dass ein Flugzeug eine einfache Route nimmt, die auf dem Breitengrad von 45° NB beginnt und 180° rund um die Erde zu einem Punkt führt, der auf demselben Breitengrad liegt.

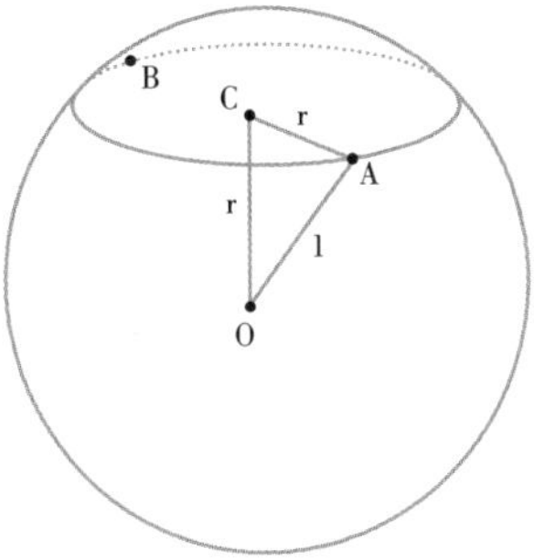

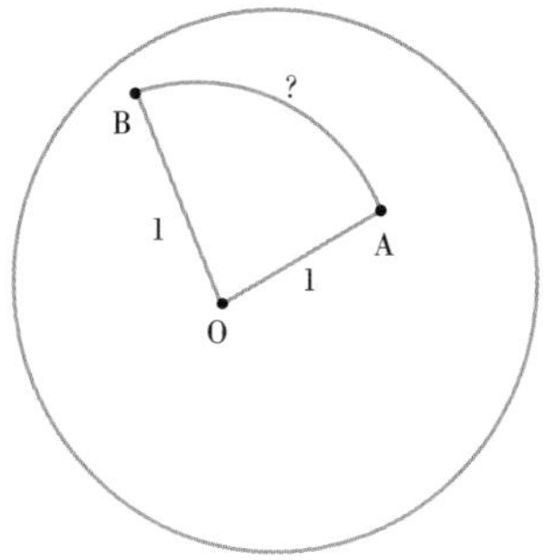

Wenn das Flugzeug geradewegs nach Osten (oder Westen) fliegt, legt es eine Entfernung zurück, die der Hälfte des Umfangs des Kreises mit dem Mittelpunkt C entspricht. Wir können den Radius, *r*, dieses Kreises finden, indem wir den Satz des Pythagoras auf ∠OAC anwenden, wobei O der Mittelpunkt der Erde ist. Das ist ein gleichseitiges Dreieck, weil ∠COA = ∠OAC = 45°. Also:

$$r^2 + r^2 = 1^2$$
$$2r^2 = 1$$
$$r = \frac{1}{\sqrt{2}}$$

Der Umfang dieses Kreises ist $2\pi r$, also die Hälfte des Umfangs ist $\frac{\pi}{\sqrt{2}}$.

Die andere Route zwischen A und B ist der Großkreis, der durch die Punkte A und B verläuft und dem Bogen AB dem Großkreis entlang folgt. Dieser Bogen bringt einen rechten Winkel im Mittelpunkt des Großkreises hervor und darum beträgt der Abstand AB ein Viertel des Umfangs des Großkreises. Der Radius des Großkreises ist 1, also ist der Umfang 2π und ein Viertel davon ist $\frac{\pi}{2}$. Daraus folgt $\sqrt{2} < 2$, also $\frac{\pi}{\sqrt{2}} > \frac{\pi}{2}$ (Das Teilen durch eine kleinere Zahl ergibt ein größeres Ergebnis).

In diesem besonderen Fall ist es kürzer, auf einer Route zu fliegen, die einem Großkreis folgt als direkt nach Osten zu fliegen.

Dieses Ergebnis gilt für jedes Paar Punkte, die auf demselben Breitengrad liegen: der Abstand entlang des Großkreises, der die Punkte verbindet, ist immer kürzer als der Abstand, der die beiden Punkte auf dem Breitenkreis verbindet (es sei denn, die Punkte liegen auf dem Äquator, der selbst ein Großkreis ist). Tatsächlich gilt für jedes Paar Punkte auf dem Globus, dass die Route entlang des Großkreises, der die beiden Punkte miteinander verbindet, die kürzeste ist.

DIE LÖSUNG:

Der Pilot folgt der Route dem Großkreis entlang, der New York mit Rom verbindet, da dies die kürzeste Entfernung ist. Tanja kann sich zurücklehnen und noch einen Drink nehmen in dem Wissen, dass der Pilot sie so schnell wie möglich ans Ziel bringen wird.

Carl Friedrich Gauß

Carl Friedrich Gauß war ein deutscher Mathematiker und Wissenschaftler. Er nannte die Mathematik die Königin der Wissenschaften und wurde selbst bekannt als *princeps mathematicorum*, König der Mathematiker. Er lieferte einen Beitrag zu vielen mathematischen und physikalischen Ideen.

Gauß war sich im Klaren über die Beschränkungen der euklidischen Geometrie und entwickelte eine neue Geometrie für gebogene und multidimensionale Oberflächen. Er realisierte, dass die Oberfläche der Erde parallele Linien besitzt, die sich schneiden können.

Außergewöhnliche Leistungen

Gauß war ein Wunderkind. Mit drei Jahren hatte er sich selbst Lesen beigebracht und konnte komplexe Rechenaufgaben lösen. Als er etwas älter war, gab sein Lehrer seinen Schülern die Aufgabe, alle ganzen Zahlen von 1 bis 100 zusammenzuzählen. In kürzester Zeit hatte Gauß die Antwort, 5050, auf seine Tafel geschrieben. Als Gauß 19 Jahre alt war, entdeckte er, wie ein siebzehnseitiges Polyeder nur mit Hilfe eines Lineals und eines Zirkels konstruiert werden kann.

Nach seinem Tod wurde sein Gehirn untersucht. Es war groß und schwer und hatte ungewöhnlich dicke Falten. Jahrelang dachte man, dass das ein Zeichen von Genialität sei.

Gauß' Leben

Carl Friedrich Gauß (Abb. links auf einer Lithografie von 1828) wurde 1777 in Braunschweig geboren. Seine Eltern waren arm und von geringer Bildung. Gauß besuchte die örtliche Schule, wo er sich besonders hervortat. Der Herzog von Braunschweig wurde auf ihn aufmerksam und kam fortan für seinen Lebensunterhalt auf, so dass Gauß am Collegium Carolinum und an der Universität studieren konnte. In dieser Zeit machte er verschiedene wichtige mathematische Entdeckungen. 1801, 24-jährig, publizierte er *Disquisitiones Arithmeticae*. Im selben Jahr sah Gauß die Bahn des Zwergplaneten Ceres voraus, wofür er die statistische Methode der Normalverteilung entwickelte, die später die Gauß'sche Verteilung genannt wurde. Nach dem Tod des Herzogs 1807 wurde Gauß zum Leiter des neuen astronomischen Observatoriums in Göttingen ernannt. 1818 erfand er das Heliotrop, ein Instrument, das mit Hilfe eines Spiegel das Sonnenlicht über große Abstände reflektiert und das er für Landvermessungen in Hannover einsetzte.

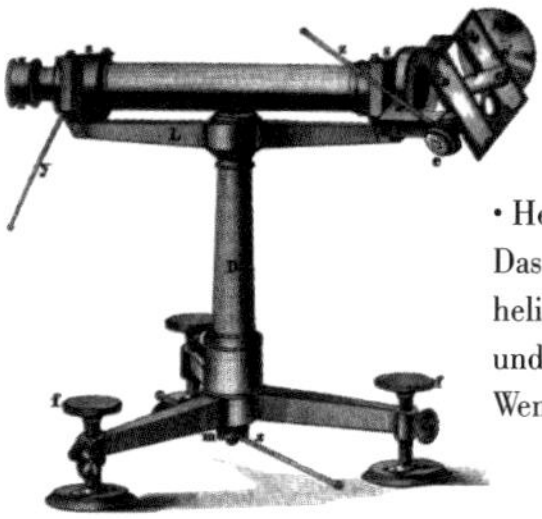

• Heliotrop von Gauß. Das griechische Wort helios bedeutet Sonne und tropos bedeutet Wendung.

Diese Erfindung führte zu seinen Theorien über nichteuklidische Geometrie, die er allerdings nicht veröffentlichte, um einen Streit mit den Verfechtern Euklids zu vermeiden. Als zwei andere Mathematiker, sein Schüler János Bolyai und der Russe Nikolai Lobatschewski in der Folgezeit nichteuklidische Theorien veröffentlichten, beanspruchte Gauß diese als seine eigenen.

Im Observatorium arbeitete Gauß an zahlreichen physikalischen und mathematischen Theorien. Da er aber nur Werke herausgab, die in seinen Augen perfekt waren, veröffentlichte er Zeit seines Lebens relativ wenig. Er heiratete zweimal und war Vater von sieben Kindern. Es wird erzählt, dass er in ein mathematisches Problem vertieft war, als ihm gesagt wurde, dass seine Frau sterbe. Er soll geantwortet haben: „Sagt ihr, dass sie noch einen Moment warten soll, bis ich fertig bin." Gauß starb 1855 in Göttingen.

NACH GAUß BENANNT

Eine unglaublich große Anzahl von Dingen und Ideen sind nach Gauß benannt. Daraus geht sein weitreichender Einfluss auf die Mathematik und Physik hervor. Hier sind einige Beispiele:

- Das Gauß'sche Gesetz wird in der Physik und in der Elektrostatik gebraucht.
- Die Gauß G, ist die Einheit eines magnetischen Felds: das magnetische Feld der Erde ist 0,31-0,58 Gauß.
- Degaußen, eine Methode, einen Gegenstand zu entmagnetisieren.
- Die Gauß-Abbildung verbindet jeden Punkt auf einer Krümmung oder einer Oberfläche mit einem korrespondierenden Punkt auf einer Einheitssphäre.
- Die Gauß'sche Krümmung ist das Maß einer Krümmung einer Oberfläche.
- Die Gauß-Expedition (1901-1903) war die erste deutsche Expedition zum Südpol mit dem Schiff Gauß. Bei dieser Expedition wurde ein erloschener Vulkan der Gauß-Berg genannt.
- Der Asteroid Gaußia.
- Der Gaußturm, ein Observationsturm in Deutschland.
- Der Gauß-Krater auf dem Mond.
- Die Gauß-Verteilung ist die normale Verteilung oder Glockenkrümmung in der Statistik.
- Eine ganze Zahl von Gauß ist eine komplexe Zahl, deren reeller und imaginärer Teil ganze Zahlen sind.
- Die lemniskatische Konstante von Gauß wird definiert als die multiplikative Inverse des arithmetischen mathematischen Durchschnitts von 1 und die Quadratwurzel von 2.

Übung 17

Auf Bärenjagd

DIE AUFGABE:

Jost ist auf Bärenjagd. Er verlässt sein Zelt und läuft in einer geraden Linie dreißig Minuten in östliche Richtung. Dann macht er einen rechten Winkel nach links. Er läuft erneut dreißig Minuten in einer geraden Linie und macht dann erneut einen rechten Winkel nach links. Nachdem er wieder dreißig Minuten in einer geraden Linie gelaufen ist, kommt er zu seinem Zelt zurück. Inzwischen hat der Bär ihn beobachtet. Welche Farbe hat der Bär?

DIE METHODE:

Der Bär muss weiß sein. Wenn Christopher den obigen Anweisungen folgt und wieder bei seinem Zelt ankommt, muss er sich am Nordpol befinden. Aber etwas ist hier merkwürdig. Der Mann läuft in drei geraden Linien und endet dort, wo er begonnen ist. Also muss er entlang der Seiten eines imaginären Dreiecks gelaufen sein. Aber gleichzeitig hat er zweimal eine Drehung von 90° gemacht. Wie kann das sein? Die Winkel eines Dreiecks sind zusammen 180°. Kein einziges Dreieck kann mehr als einen rechten Winkel haben. Was geht hier vor?

Wir beginnen damit, die These, dass die Winkel eines Dreiecks zusammen immer 180° ergeben, genauer zu betrachten. Wir zeichnen ein Dreieck ABC mit der Basis AB und einer Geraden parallel zu dieser Basis durch C.

Für Information über nichteuklidische Geometrie, bitte weiterblättern zu den Seiten 100–101.

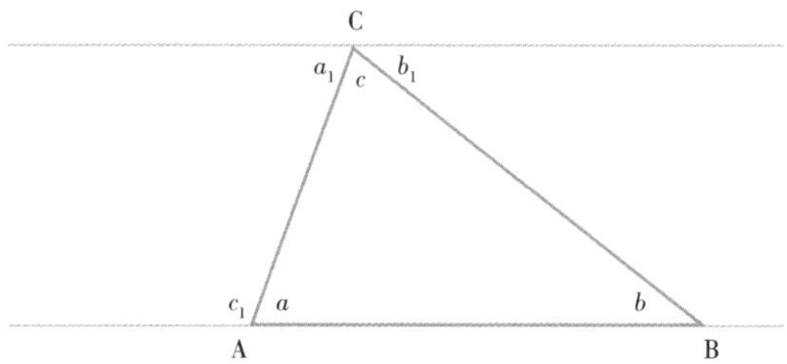

Auf Grund der zwei parallelen Geraden sind die Winkel a und a_1 gleich und die Winkel b und b_1 ebenfalls. Die Winkel a_1, b_1 und c liegen auf einer geraden Linie und ergeben zusammen 180°. Darum gilt $a + b + c = 180°$.

Aber diese Begründung stimmt nur für ein Dreieck auf einer ebenen Fläche. Und es geschehen merkwürdige Dinge auf einer Kugel. Denken Sie für einen Moment nicht an die Geschichte über den Mann auf Bärenjagd. Angenommen dass die Basis des Dreiecks AB sich entlang des Äquators befindet. Wir können stets etwas, was einem Dreieck ähnelt, konstruieren. Die Basis dieses Dreiecks befindet sich auf einem Großkreis (siehe S. 92), aber die Gerade durch C, die parallel zur Basis verläuft, befindet sich auf einem Breitengradkreis und NICHT auf einem Großkreis. Die Folge ist, dass der Winkel a größer ist als a_1 und b größer ist als b_1. Also, obwohl a_1, b_1 und c noch immer 180° sind, sind a, b und c_1 zusammen mehr als 180°.

DIE LÖSUNG:

Die Winkel der Dreiecke, die sich auf einer ebenen Fläche befinden, sind zusammen 180°. Dreiecke allerdings, die auf der Oberfläche einer Kugel konstruiert werden, haben Winkel von zusammen mehr als 180°. Diese Entdeckung unterwanderte die euklidische Geometrie und öffnete den Weg zu einer anderen, nichteuklidischen Geometrie.

Nikolai Lobatschewski

Der russische Mathematiker Lobatschewski wird der Kopernikus der Geometrie genannt. 1829 publizierte er einen Artikel über eine neue Art Geometrie, in dem er Euklids fünftes Postulat entkräftete. Das Postulat besagt, dass bei Vorgabe einer Geraden und eines Punktes nur eine einzige Gerade durch den Punkt gezogen werden kann, die parallel zur ersten Linie verläuft. Lobatschewski entwickelte eine Geometrie für gebogene Oberflächen, bei der parallele Linien sich schneiden und sich voneinander entfernen. Der ungarische Mathematiker Janos Bolyai, den Lobatschewski nicht persönlich kannte, entwickelte in derselben Periode eine ähnliche nichteuklidische Geometrie.

Lobatschewskis Postulat bedeutet, dass auf mehr als eine Weise eine Gerade durch einen Punkt gezogen werden kann, die nicht durch eine andere, parallele Gerade geschnitten wird. Dies führte zu der aufsehenerregenden Folgerung, dass die Summe der Winkel eines Dreiecks nicht 180° zu sein brauchen.

„Niemals werde ich den Tag vergessen, an dem ich den großen Lobatschewski getroffen habe. Mit wenigen Worten zeigte er mir den Schlüssel zum mathematischen Erfolg: ‚Begehen Sie ein Plagiat!'"

Tom Lehrer

Dreißig Jahre zuvor hatte Gauß diese Theorie bereits entwickelt, aber nicht publiziert. Gauß behauptete, dass sowohl Lobatschewski wie auch Bolyai durch seine Arbeit beeinflusst waren. Der amerikanische Mathematiker und Singer-Songwriter Tom Lehrer verarbeitete diese Anklage in seinem berühmten Lied „Lobachevsky". Bolyai konnte es nicht ertragen, dass Lobatschewski die Theorie als erster publizierte. Er behauptete, dass „Lobatschewski" ein Pseudonym von Gauß war, der ihm die Entdeckung missgönnte.

Das Leben Lobatschewskis

Nikolai Iwanowitsch Lobatschewski (1792-1856) studierte Mathematik an der Universität von Kazan. Später wurde er selbst Professor der Mathematik, Physik und Astronomie. Er heiratete und hatte fünfzehn Kinder. 1846 erkrankte er schwer und verließ die Universität. 1856 starb er verarmt.

Kontroverse Arbeit?

Lobatschewski lieferte einen wichtigen Beitrag zur nichteuklidischen Geometrie. 1829 publizierte er „Eine verkürzte Skizze der Grundprinzipien der Geometrie" und 1835 „Neue Grundprinzipien der Geometrie". Aus Angst vor einem Skandal hatte Gauß diese Ideen dreißig Jahre zuvor in einem Portfolio gehalten. Die Idee war tatsächlich revolutionär und hatte später tiefgreifenden Einfluss auf die Geometrie.

William Hamilton

William Rowan Hamilton (1805-1865) war ein irischer Mathematiker, Astronom und Physiker, der wichtige Beiträge zu Mechanik und Algebra lieferte. Dieses Wunderkind beherrschte mit fünf Jahren Griechisch, Latein und Hebräisch. Als er 21 war, wurde er Professor der Astronomie in Dublin und der königliche Astronom von Irland.

Die vierte Dimension

Hamilton entwickelte den Begriff Quaternionen im Jahr 1843 bei einem Spaziergang mit seiner Frau. Er kerbte seine Formel in eine steinerne Brücke: „Da begriff ich, dass wir eine vierte Dimension für das Rechnen mit Zahlentripeln nötig hatten."

Wenn wir davon ausgehen, dass die Geometrie die Wirklichkeit beschreiben muss, ist eine vierte Dimension unmöglich. Wenn die Geometrie allerdings an Terme aus der Algebra gekoppelt wird, wie die Quadratwurzel von minus eins, ist mehr möglich. Gauß behauptete, dass komplexe Zahlen wie Punkte auf einer Fläche angesehen werden können. Hamilton ging einen Schritt weiter und benutzte nur Algebra: Quaternionen. Heute ist dieses numerische System eins der wichtigsten Konzepte in der Computergrafik, weil damit Rotationen wiedergegeben werden können.

HAMILTONS SPIEL

1857 erfand Hamilton ein Spiel. Der Sinn dieses Spiels war, so den Winkeln eines Dodekaeders entlang zu reisen, dass man jeden Eckpunkt und jeden Winkel einmal aufsucht und dann zum Beginn zurückkehrt. Nachdem Hamilton die Rechte an dem Spiel für 25 Pfund verkauft hatte, wurde es überall in Europa gehandelt unter dem Namen *Eine Reise um die Welt*. Es gab zwei Versionen: eine flache als Gesellschaftsspiel und ein echter Dodekaeder als Reiseversion.

Das Spiel war keine Herausforderung, weil die Spieler es einfach lösen konnten, indem sie einfach etwas ausprobierten. Hamilton behauptete allerdings, dass die Lösung mit Hilfe seiner algebraischen Formel berechnet werden musste.

Ein Weg wie unten abgebildet auf dem jeder Eckpunkt einmal besucht werden darf und der Spieler zum Anfang zurückkehren muss, ist als Hamiltonkreis bekannt. Hamilton entwickelte die ikosaederische Algebra, die auf der Symmetrie des Ikosaeders beruht. Alle platonischen Körper können auf einer ebenen Fläche wiedergegeben werden und haben einen Hamiltonkreis .

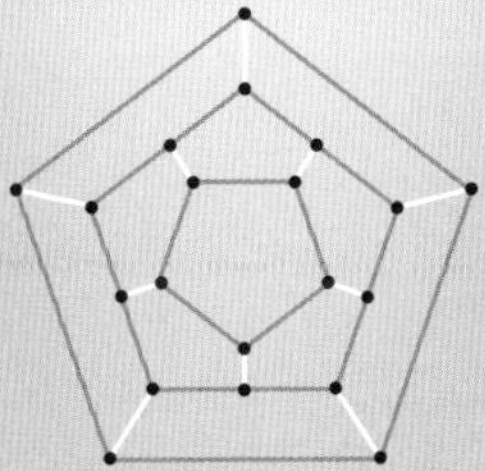

Kapitel

4

Tiger, Tiger

Der Mensch ist geneigt, Symmetrie in der Welt zu sehen oder herzustellen: man denke nur an die schmetterlingsförmigen Tintenflecke des Rorschach-Tests oder an William Blakes Gedicht über die *fearful symmetry* eines Tigers. Für Mathematiker hat Symmetrie aber eine viel größere Bedeutung. Symmetrie liegt dem ganzen Universum zugrunde.

PARKETTIERUNGEN

Die Alhambra in Granada, Spanien, ist nicht nur schön, sie ist auch ein Vergnügen für jeden Mathematiker. Die Künstler, die die Alhambra entworfen haben, kreierten einfallsreiche geometrische Muster nur mit Lineal und Zirkel. So entwickelten sie eine komplexe Vielfalt an Symmetrien.

Einfache Parkettierungen

In der Welt, die uns umgibt, sind Oberflächen häufig mit sich wiederholenden Mustern von Vielecken bedeckt. Meistens wird dabei von gleichseitigen Dreiecken, Quadraten oder regelmäßigen Sechsecken Gebrauch gemacht. Diese Formen passen perfekt zusammen, ohne dass Zwischenräume oder Überlappungen entstehen. Wenn eine flache Oberfläche unendlich und in alle Richtungen mit einer bestimmten geometrischen Form bedeckt werden kann, dann nennen wir das eine Parkettierung.

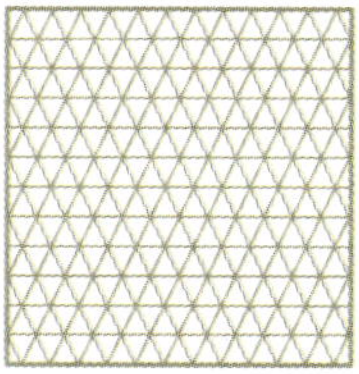

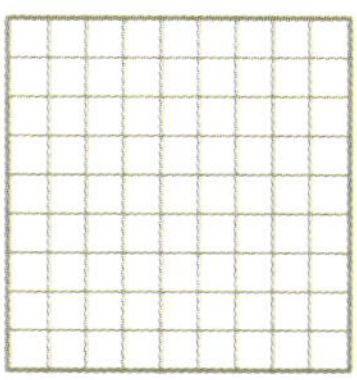

Bienen wissen instinktiv, dass regelmäßige Sechsecke diese Eigenschaft besitzen. Sie machen allerdings wegen ihres praktischen Nutzens von dieser geometrischen Form Gebrauch. Das regelmäßige Sechseck ist die Form mit der größten Oberfläche, die parkettieren kann. Der Kreis hat zwar eine größere Oberfläche, aber ein Muster von Kreisen würde Überschneidungen und/oder Lücken aufweisen. Wenn Sie sieben oder mehr Strohhalme bündeln und von außen Druck ausüben, werden die kreisförmigen Halme die Form eines Sechsecks annehmen.

Fünfeckige Parkettierungen

Warum besteht eine Parkettierung niemals aus regelmäßigen Fünfecken? Wenn Sie eine Parkettierung untersuchen, sehen Sie, dass die Winkel in den Eckpunkten, an denen sich die Vielecke treffen, zusammen 360° ergeben müssen. Wo sechs gleichseitige Dreiecke sich treffen, sind die sechs Winkel 360°. Wenn ein Vieleck nahtlos an ein gleiches Vieleck anschließen muss, müssen die Innenwinkel des Vielecks ein Faktor von 360° sein.

Wieviel Grad ergeben die Innenwinkel eines Fünfecks zusammen? Wir können dies berechnen, indem wir erst die Außenwinkel betrachten. Ein Außenwinkel ist der Winkel an der Außenseite eines Vielecks, der entsteht, wenn eine der Kanten verlängert wird.

Angenommen, dass eine Ameise im Uhrzeigersinn über den Umfang des Fünfecks läuft. In jedem Eckpunkt wird die Ameise eine Drehung durch den Außenwinkel des Fünfecks machen. Wenn die Ameise wieder zum Anfang kommt, wird sie in dieselbe

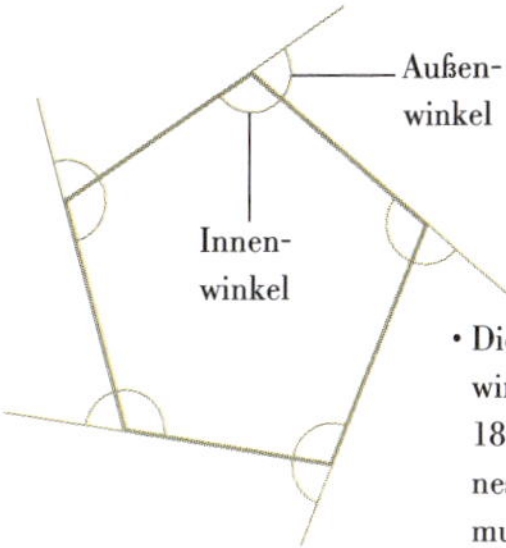

• Die Innen- und Außen winkel haben zusammen 180°. Der Innenwinkel eines regelmäßigen Fünfecks muss also 108° sein.

Richtung schauen wie am Anfang. Die Ameise muss also eine ganze Drehung von 360° gemacht haben. Jeder Außenwinkel eines regelmäßigen Vielecks ist gleich groß, also muss jeder Außenwinkel 360° ÷ 5 = 72° sein.

Da wir die Größe der Außenwinkel jetzt kennen, können wir die Größe der Innenwinkel berechnen. Die Innen- und Außenwinkel befinden sich entlang einer geraden Linie. Zusammen müssen sie 180° bilden: daraus folgt, dass der Innenwinkel ein Größe von 108° hat. Regelmäßige Fünfecke sind nicht geeignet zur Parkettierung, denn 360 geteilt durch 108 ergibt keine ganze Zahl. Bei drei zusammengelegten regelmäßigen Fünfecken ergeben die Innenwinkel zusammen nur 324° und lassen also eine Lücke entstehen – vier regelmäßige Fünfecke würden sich überschneiden.

Was wir jetzt über Außenwinkel entdeckt haben, gilt übrigens auch für jedes konvexe Vieleck. Regelmäßig oder nicht: die Außenwinkel eines konvexen Vielecks ergeben zusammen immer 360°. Ein Vieleck ist konvex, wenn eine gerade Linie, die zwei willkürliche Punkte auf dem Umfang miteinander verbindet, immer vollkommen innerhalb des Vielecks liegt. So sind alle Parallelogramme konvex, aber Sterne nicht.

Die Methode, die wir gerade angewendet haben, um den Innenwinkel eines regelmäßigen Fünfecks zu berechnen, kann auf jedes regelmäßige Vieleck angewandt werden. Die sechs Außenwinkel eines regelmäßigen Sechsecks sind zusammen 360°. Jeder Außenwinkel ist also 60°. Der Innenwinkel eines regelmäßigen Sechsecks ist 120°, was erklärt, warum mit regelmäßigen Sechsecken eine Parkettierung gelegt werden kann.

Aber wie sieht es mit einem siebenseitigen regelmäßigen Vieleck aus? Ein Siebeneck hat sieben Außenwinkel von jeweils 360° ÷ 7 = 51,4° und somit beträgt ein Innenwinkel 128,6°. Daraus kann man auf keinerlei Weise 360° bilden. Wir könnten bis ins Unendliche die Innenwinkel von Vielecken mit immer mehr Seiten berechnen, um herauszufinden, welche Vielecke sich für eine Parkettierung eignen. Diese Suche ist allerdings sinnlos. Wenn die Anzahl der Seiten eines Vielecks zunimmt, nimmt die Größe der Außenwinkel ab und die der Innenwinkel zu. Es gibt allerdings keine Zahl größer als 120°, durch die 360° exakt geteilt werden kann (mit Ausnahme von 180°, aber das ist eine gerade Linie). Das Sechseck ist also das größtmögliche regelmäßige Vieleck, das parkettieren kann. Obwohl das gleichseitige Dreieck, das Quadrat und das regelmäßige Sechseck die einzigen regelmäßigen Vielecke sind, die parkettieren können, wird die Sache allerdings interessanter, wenn wir Formen kombinieren, um eine Fläche zu bedecken.

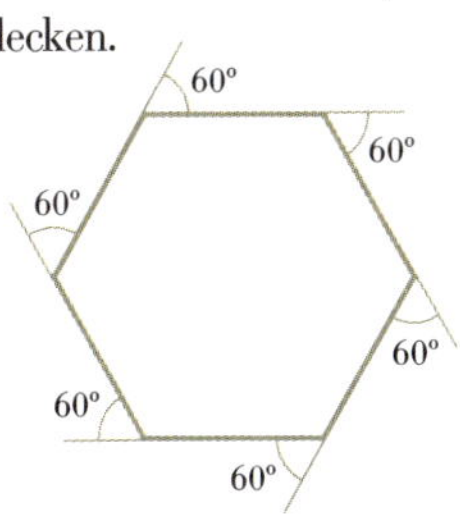

• Das regelmäßige Sechseck ist eins der regelmäßigen Vielecke, die parkettieren.

Übung 18

Bodenfliesen

DIE AUFGABE:

Emil fertigt keramische Bodenfliesen an. Er hat viele verschiedene quadratische und rechteckige Fliesen, die zum Fliesenlegen gebraucht werden können. Er fragt sich, ob ungewöhnlichere vielseitige Vielecke wie das Trapezoid auch dafür gebraucht werden können.

Gibt es Vierecke, die parkettieren?

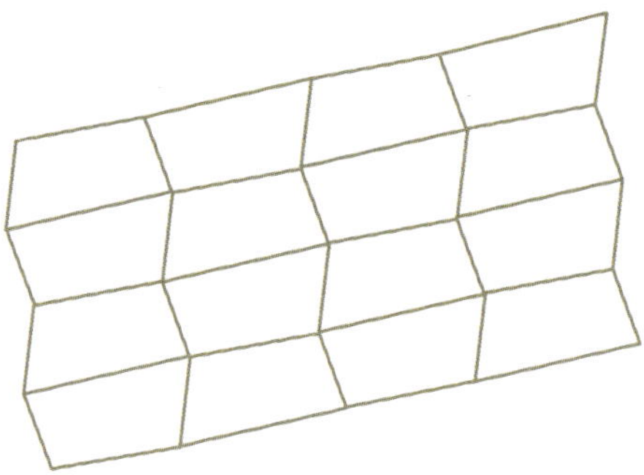

DIE METHODE:

Wenn wir ein Trapezoid genau untersuchen, werden wir schnell entdecken, dass diese geometrische Form zum Fliesenlegen benutzt werden kann. Wir können von Trapezoiden durch Drehungen eine lange Reihe bilden, so dass sie ineinanderpassen. Die verschiedenen Reihen können miteinander kombiniert werden.

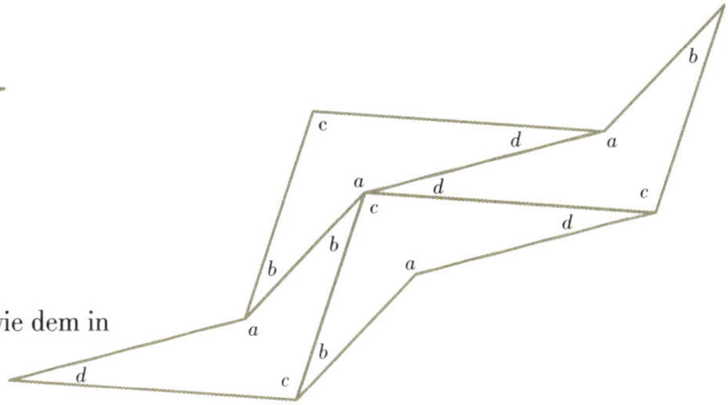

Aber was ist mit Vierecken wie dem in der obigen Abbildung?

Auf den ersten Blick scheint dieses Viereck nicht parkettieren zu können. Wir können mehrere dieser Formen ausschneiden und dann versuchen, sie in einer Art Parkettierung zu verlegen, aber es entstehen Lücken, die nicht gefüllt werden können. Wie lösen wir dieses Problem systematisch?

Die Innenwinkel dieses Vierecks sind zusammen 360° Grad. Wir können diese Form nämlich in zwei Dreiecke aufteilen. Und die Summe der Innenwinkel eines jeden Dreiecks ist 180°. Die Summe der Innenwinkel dieser zwei Dreiecke beträgt also 360°.

Wenn eine geometrische Form parkettieren kann, müssen die Innenwinkel der Eckpunkte, an denen die Formen sich treffen, zusammen genau 360° Grad sein. Weil die Viereckpunkte dieses Vierecks zusammen 360° sind, müsste diese Form parkettieren können. Wir müssen diese Formen einfach sorgfältig zusammenfügen. Wir wollen die verschiedenen Winkel *a*, *b*, *c* und *d* nennen. Wenn wir vier von diesen Vierecken so kombinieren, dass sich die vier verschiedenen Eckpunkte *a*, *b*, *c* und *d* dieser Vierecke treffen, passen sie genau ineinander. Jetzt müssen wir diesen Prozess für jeden Eckpunkt wiederholen, um zu zeigen, dass dieses Viereck parkettieren kann.

DIE LÖSUNG:

Alle Vierecke können parkettieren. Die spitzen Vorsprünge an den Rändern der Parkettierung zeigen, dass nicht alle Vierecke geeignet sind, um den Fußboden des Bades damit zu fliesen. Quadrate sind dafür am besten geeignet.

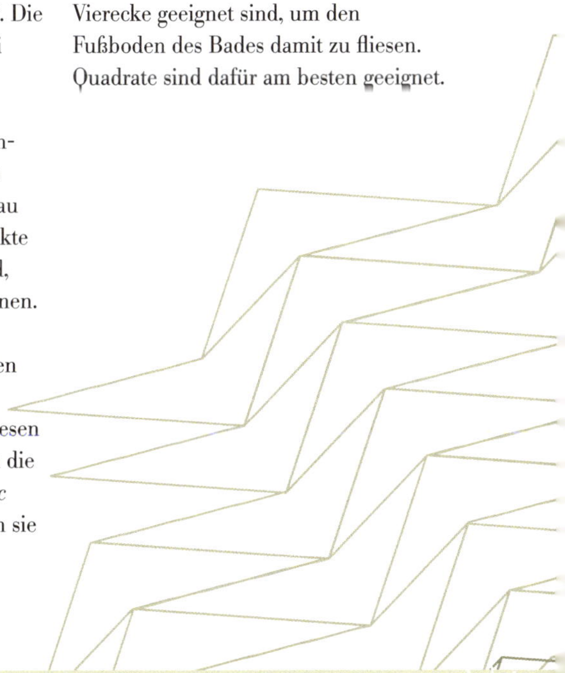

ARCHIMEDISCHE PARKETTIERUNGEN

Das gleichseitige Dreieck, das Quadrat und das regelmäßige Sechseck sind die einzigen Vielecke, die parkettieren können. Jeder, der Patchwork oder maurische Fliesenmuster kennt, weiß, dass es eine große Vielfalt von Mustern gibt, die aus mehr als einer geometrischen Form aufgebaut sind. Diesen Mustern liegt eine reiche Geometrie zugrunde.

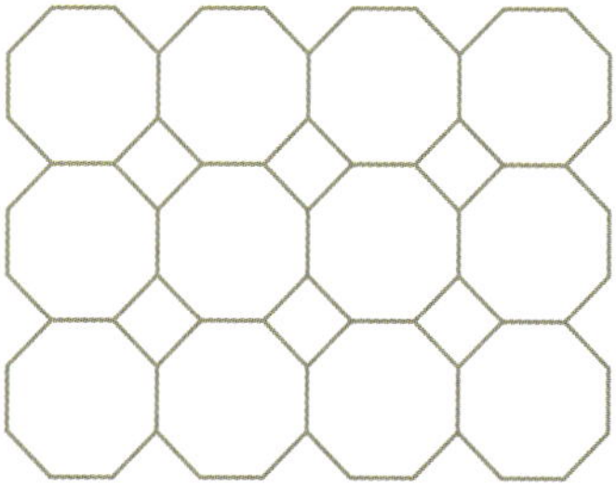

Komplexe Parkettierung

Wir wissen, dass alle Vierecke parkettieren können (siehe S. 106-107). Wir können zwei gleiche Dreiecke benutzen, um ein Viereck zu machen: jedes Dreieck kann also auch parkettieren.

Wenn regelmäßige Achtecke zusammengefügt werden, werden diese nicht parkettieren, weil ihre Innenwinkel zu groß sind. Die Lücken, die in einem solchen Muster entstehen, können mit Quadraten gefüllt werden. Welche regelmäßigen konvexen Vielecke können wir miteinander zu einem Muster kombinieren, ohne dass Lücken entstehen? Gleichseitige Dreiecke, Quadrate und regelmäßige Sechsecke sind eine gute Kombination.

In der Abbildung unten ist zu sehen, dass sich in jedem Eckpunkt ein Sechseck, ein Quadrat, ein Dreieck und ein Viereck in dieser Reihenfolge treffen. Wir können dies wie folgt wiedergeben, wobei die Zahlen auf die Anzahl der Seiten der Vielecke verweisen: (6, 4, 3, 4). Wir haben diese Notation schon früher für Vielecke gebraucht (siehe S. 84-84). Da haben wir gesehen, dass jeder der fünf platonischen Körper aus nur einer Sorte regelmäßiger Vielecke aufgebaut ist. Darum werden die drei Parkettierungen, die aus gleichseitigen Dreiecken, Quadraten und regelmäßigen Sechsecken aufgebaut sind, platonische

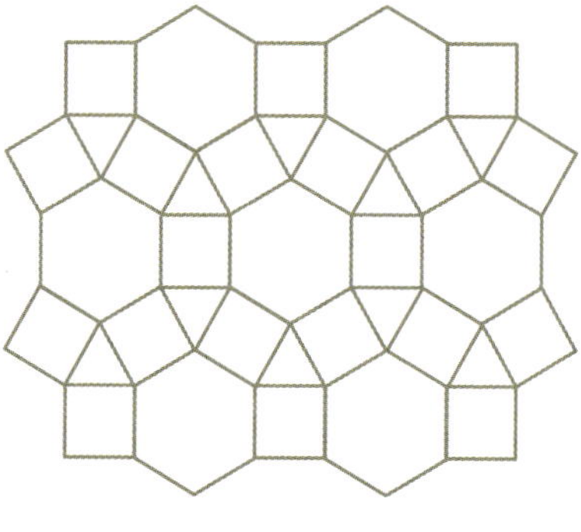

Parkettierungen genannt. Die Notationen dafür sind: (3, 3, 3, 3, 3, 3), (4, 4, 4, 4) und (6, 6, 6). Auch haben wir gesehen, dass halbregelmäßige Vielecke aus mehr als einem Vieleck aufgebaut sind, dessen Eckpunkte jedoch alle gleich waren. Dasselbe gilt für die halbregelmäßige Parkettierung. Die Parkettierungen von regelmäßigen und halbregelmäßigen Vielecken werden archimedische Parkettierungen genannt. Es gibt zwölf archimedische Parkettierungen: die drei platonischen Parkettierungen und neun andere halbregelmäßige Parkettierungen. Zwei der neun Parkettierungen sind auf der gegenüberliegenden Seite abgebildet: (4, 8, 8) und (3, 4, 6, 4). Die Notation für die übrigen Parkettierungen lauten: (3, 3, 3, 3, 6), (3, 3, 3, 3, 6), (3, 3, 3, 4, 4), (3, 3, 4, 3, 4), (3, 6, 3, 6), (3, 12, 12), (4, 6, 12).

Es ist kein Irrtum, dass (3, 3, 3, 3, 6) zwei Mal genannt wird. Die vier Dreiecke und ein Sechseck können auf zwei verschiedene Arten angeordnet werden.

• Duale Parkettierungen

Die archimedischen Parkettierungen haben genau wie ihre dreidimensionalen Gegenstücke, duale Parkettierungen, die gemacht werden können, indem die Mitte eines jeden Polygons markiert wird und diese Punkte als Eckpunkte der neuen Polygone gebraucht werden. Diese duale Parkettierung der Parkettierung von Vierecken ist ebenso eine Parkettierung von Vierecken (Selbstdual). Die Parkettierung von gleichseitigen Dreiecken und die von Sechsecken sind Duale voneinander. Ein besonderes Dual ist das der (3, 3, 4, 3, 4)-Ordnung von Dreiecken und Quadraten. Sein Dual scheint eine Parkettierung von nicht regelmäßigen Fünfecken zu sein.

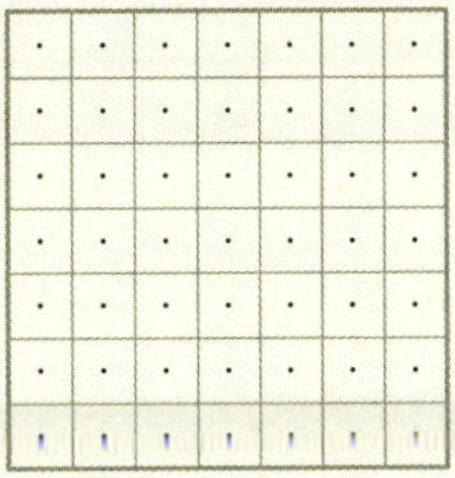

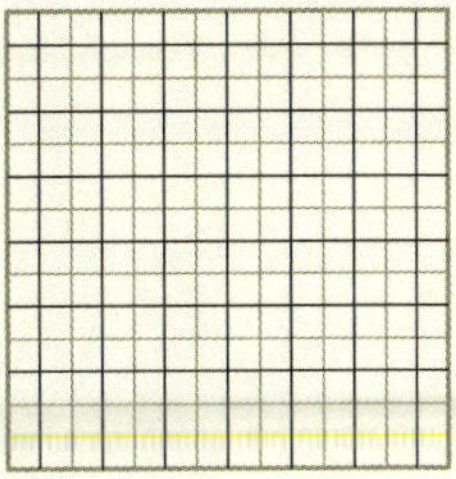

• Wenn wir die Mitte jedes grünen Quadrates markieren und diese Punkte miteinander verbinden, entsteht eine Parkettierung von schwarzen Quadraten und umgekehrt. Die zwei Parkettierungen von Quadraten sind Duale voneinander.

• Bei der Parkettierung von Quadraten und Dreiecken treffen fünf Polygone einander in jedem Eckpunkt (4, 3, 3, 4, 3). Wenn wir die Mitte einer jeden Fläche markieren und diese Punkte miteinander verbinden, entsteht eine duale Parkettierung.

Übung 19

Periodische Parkettierungen

DIE AUFGABE:

Doris will auf einem Stück Stoff einen Entwurf drucken lassen, der auf dieser Parkettierung beruht.

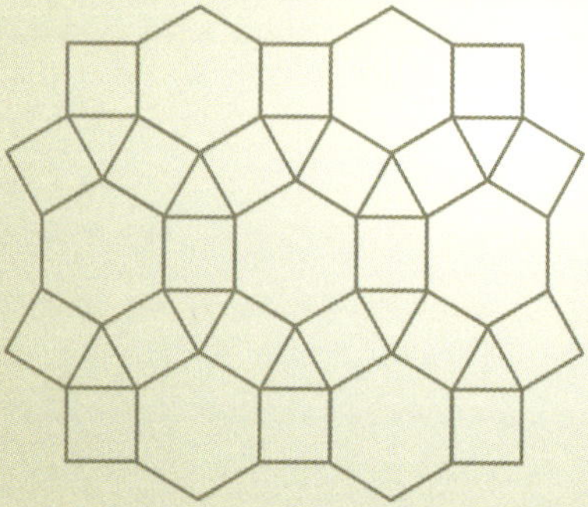

Sie will so wenig Druckstöcke wie möglich benutzen. Was ist die kleinstmögliche Anzahl, die sie benötigt?

DIE METHODE:

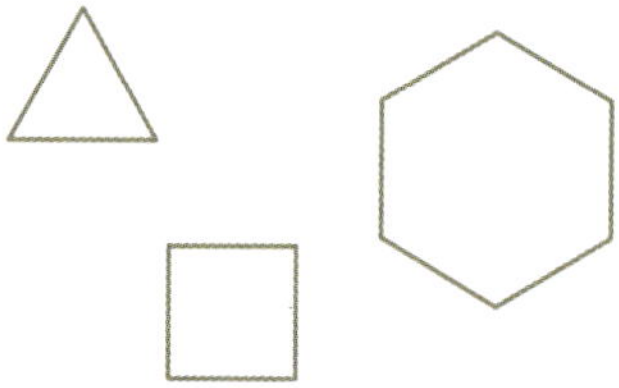

Es können natürlich drei Druckstöcke gemacht werden, die mehrmals gebraucht werden: ein Dreieck, ein Quadrat und ein Sechseck. Das funktioniert wahrscheinlich, aber diese Methode wird auch viel Zeit und Mühe kosten.

Wenn Sie die Parkettierung betrachten, fällt Ihnen wahrscheinlich ein Teil auf.

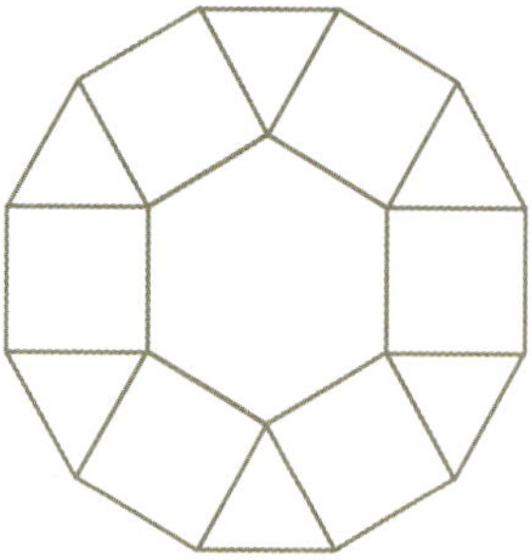

Es könnte ein Druckstock von diesem Muster gemacht werden. Aber wenn wir drucken, müssen wir dafür sorgen, dass dieser Druckstock sich nicht mit bereits gedruckten Mustern überschneidet.

Wenn wir jedoch einen Teil dieses Musters als Druckstock nehmen, können wir ihn benutzen, um den ganzen Entwurf zu drucken.

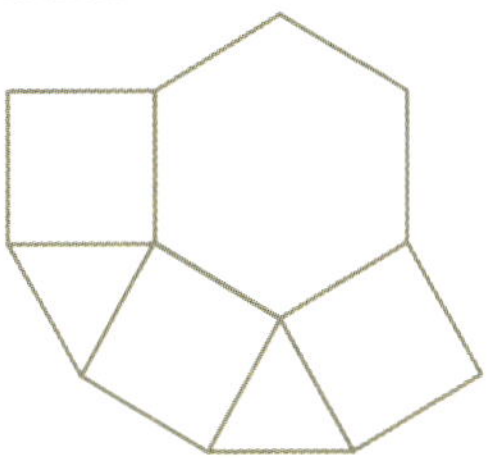

Diese Parkettierung hat ein Basismuster, mit dem der ganze Entwurf gemacht werden kann.

Eine Fliese muss folgende Voraussetzungen erfüllen, um ein Basismuster zu sein:

- Sie muss die kleinstmögliche Größe haben.
- Sie darf andere Muster nicht überlappen.
- Die Parkettierung kann einfach gemacht werden, indem man die Fliese immer wieder in eine andere Position legt, ohne sie zu rotieren oder zu spiegeln.
- Eine Parkettierung, die mit einem Basismuster gemacht werden kann, wird auch eine periodische Parkettierung genannt.

DIE LÖSUNG:

Die Parkettierung, die wir hier machen wollten, wird eine periodische Parkettierung genannt und kann mit nur einem Basismuster gemacht werden. Solche Schablonen werden auch *girih*-Schablonen genannt. Heute denken Mathematiker, das islamische Fliesenmuster mit Hilfe dieser Schablonen gelegt wurden und nicht nur mit Hilfe von Lineal und Zirkel.

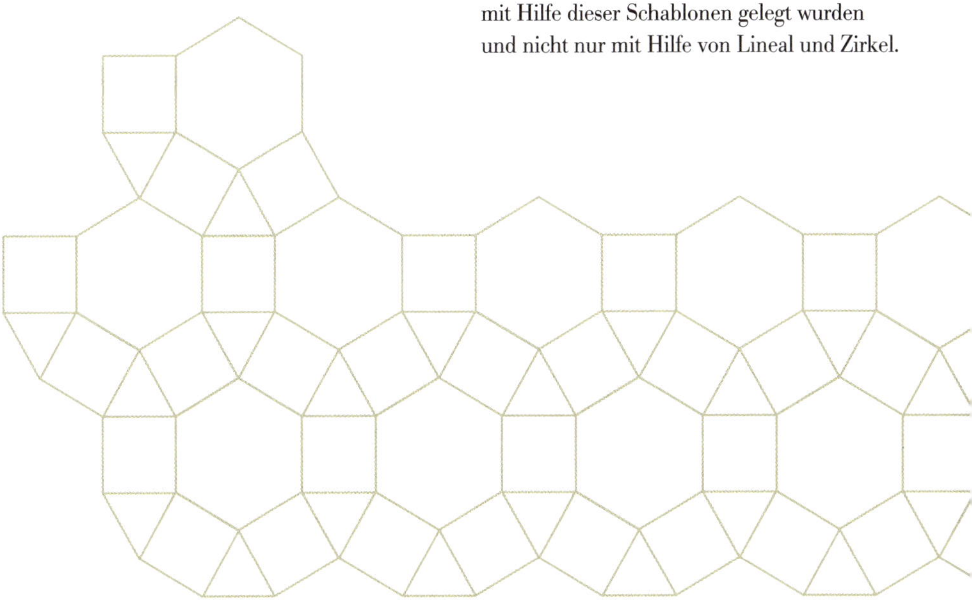

TAPETENMUSTER

Wir haben einen Teil der Mathematik kennengelernt, der Parkettierungen zugrunde liegt. Aber was ist mit Wanddekorationen? Es mag zwar eine beschränkte Anzahl von Parkettierungen bestehen, die Anzahl der Entwürfe von Tapetenmustern muss aber doch schier unendlich sein? Die Mathematik lehrt uns allerdings, dass es eigentlich nur siebzehn verschiedene Basismuster gibt.

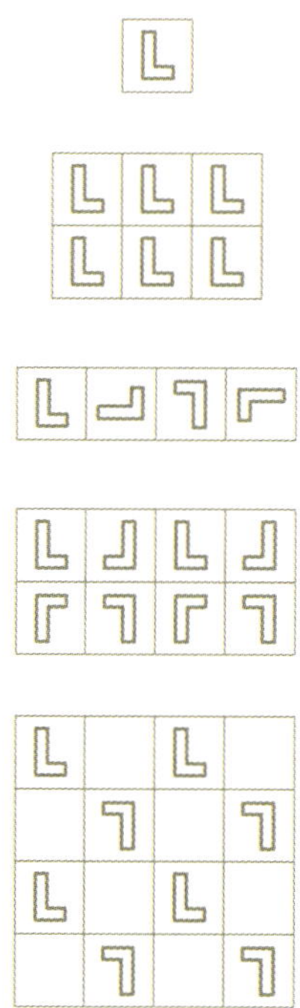

Die Schablonentechnik

Bevor wir die Mathematik, die diesem Basismuster zugrunde liegt, besprechen, schenken wir erst den Entwürfen Aufmerksamkeit, die wir mit einer Schablone machen können. Lassen Sie uns die hier abgebildete Form als Basisform nehmen.

Wir können den ersten Entwurf einfach durch Wiederholung des Motivs machen. Wir können die Schablone auch rotiert oder gespiegelt verwenden.

Vielleicht hat Ihr Mathematiklehrer Ihnen früher erzählt, dass es drei Basismöglichkeiten gibt: übertragen, rotieren und spiegeln. Aber es gibt noch eine Möglichkeit: Gleitspiegelung.

Diese Gleitspiegelung wird ermöglicht, indem man das Motiv versetzt und dann spiegelt. Aber das gilt auch für den früheren Spiegelentwurf. Also was ist der Unterschied? Gleitspiegelung ist fundamental anders, weil wir einen Entwurf damit machen können, der keine Symmetrien hat. Nirgendwo in diesem Entwurf können wir einen Spiegel setzen, damit der Entwurf, den wir im Spiegel sehen können, derselbe ist, wie der wirkliche Entwurf. Dies können wir aber mit dem früheren Entwurf machen.

Diese vier Basisbewegungen, Translation, Rotation, Spiegelung und Gleitspiegelung, werden Isometrie genannt. Das sind die einzigen mathematischen Bearbeitungen, die wir so auf eine flache Form anwenden können, dass die Maße der Form gleich bleiben (alle Längen und Ecken bleiben gleich). Wir nennen diese Basisbewegungen Symmetrien, weil die Größe des originalen Motivs erhalten bleibt.

Translation und Rotation werden direkte Symmetrien genannt, und Spiegelungen und Gleitspiegelungen indirekte Symmetrien, weil bei den letzten zwei Figuren eine Figur umgedreht wird: das L-Motiv steht gespiegelt nicht länger in derselben Richtung.

Tapetenmuster

Wir brauchen für den Entwurf von Tapetenmustern nicht mehr als vier Symmetrien. Wir können schon Muster dadurch herstellen, dass wir ein Motiv versetzen, spiegeln und dann Gleitspiegelung anwenden. Es gibt vier Sorten oder Ordnungen von Rotationen, die wir so gebrauchen können, dass das Muster genau passt. Die Rotationsreihenfolge verweist auf die Anzahl der Arten, wie ein Motiv gedreht werden kann und dabei weiterhin gleich aussieht. Der erste Entwurf hier unten hat die Rotationsreihenfolge drei; der zweite Entwurf die Rotationsreihenfolge vier.

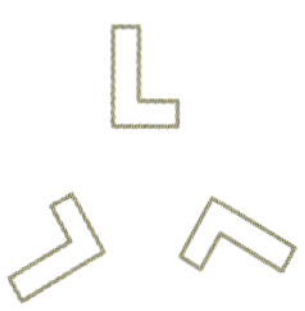

Wir können Motive für Tapetenmuster mit den Rotationsordnungen 2, 3, 4 und 6 machen. (Eigentlich müsste die Rotationsordnung 1 hier auch genannt werden, weil jeder Entwurf die Rotationsordnung 1 hat, aber das bringt keine interessanten Entwürfe ein.) Warum stoppen wir bei 6? Kein einziges regelmäßiges Vieleck kann mit mehr als sechs Seiten parkettieren. Aus ähnlichen Gründen ist es unmöglich, dass die Rotationsordnung *r* eines Entwurfs größer als sechs ist. Wenn diese Rotationssymmetrien kombiniert werden mit Translationen, Spiegelungen und Gleitspiegelungen, entstehen vierzehn weitere mögliche Tapetenmuster.

M.C. Escher

Escher war ein niederländischer Künstler mit einem großen Interesse an der Geometrie der Symmetrie. Er war kein Mathematiker, aber er entwickelte eine tiefe Einsicht in die Symmetrie und später Topologie. Er konkretisierte seine Ideen durch Diskussionen mit den großen Mathematikern seiner Zeit: Pólya, Coxeter und Penrose.

Das Leben Eschers

Maurits Cornelis Escher, Spitzname Mauk, wurde 1898 in Leeuwarden geboren. Als Kind war er oft krank und konnte dem Unterricht in der Schule nicht folgen. Vor allem für Mathematik hatte er kein Talent. Zahlen und Buchstaben verwirrten ihn, aber er hatte wohl ein Gefühl für zwei- und dreidimensionale Formen.

Als er 24 war, machte er eine Reise nach Italien und Spanien, was seine spätere Arbeit nachhaltig beeinflusste. Er heiratete und blieb bis 1935 in Rom. Wegen der politischen Situation unter Mussolini fühlte er sich gezwungen, in die Schweiz und danach nach Belgien umzuziehen. Während des Krieges zog er in die Niederlande.

1958 war Escher sehr berühmt geworden. Er gab Lesungen, korrespondierte und stellte aus. Er starb 1972.

Escher und die Mathematik

1936 besuchte Escher zusammen mit seiner Frau zum zweiten Mal den Alhambra-Palast in Granada und die Moschee von Cordoba (Spanien). Ab dem Moment zeichnete Escher keine Landschaften mehr, sondern beschäftigte sich mit Fantasieformen. Später sagte er, dass die Reise zur Alhambra seine größte Inspirationsquelle war.

Er gebrauchte Skizzen aus der Alhambra für die Schaffung geometrischer Muster, in denen er andere Formen verarbeitete wie Vögel, Löwen und Fische. Als sein Bruder Berend seine Holzschnitte sah, ermutigte er Escher, die Symmetrie zu untersuchen und gab ihm Pólyas Aufsatz über symmetrische Gruppen. Escher begriff die Gruppe von siebzehn flachen Symmetrien intuitiv. Er fand Beispiele für diese Symmetrien in den maurischen Verzierungen des 13. Jahrhunderts des Alhambra-Palastes. Escher arbeitete etliche dieser Symmetrietypen aus. Ohne es zu wissen, war er mit Kristallographie beschäftigt,

• Ein Vogelmuster. Escher wurde von der Natur inspiriert und benutzte häufig Vögel und Fische in seinem Werk.

(der Wissenschaft von der Bildung und der Struktur von Kristallen). 1941 veröffentlichte er einen Aufsatz, in dem er seine mathematischen Ideen ausarbeitete. Trotz seiner mangelhaften mathematischen Ausbildung wurde er als mathematischer Forscher betrachtet. Er schrieb: "Erst wusste ich absolut nicht, dass ich Figuren symmetrisch aufbauen konnte. Ich wusste überhaupt nicht, dass dies für einen ungeübten Mathematiker möglich war und schon gar nicht als das Resultat meiner Laientheorie."

Später entwickelte er zusammen mit dem Mathematiker Roger Penrose Ideen über Topologie. Das führte zu Werken wie *Castrovalva, Wasserfall* und *Rauf und Runter.* Penrose wurde durch ihre Zusammenarbeit inspiriert und entwarf ein unmögliches Dreieck, das Penrose-Dreieck, das Escher in vielen Arbeiten benutzte.

Hyperbolische Geometrie

Ab 1956 versuchte Escher, Unendlichkeit auf einer zweidimensionalen Fläche grafisch darzustellen. Er besprach dieses Problem mit dem Mathematiker Donald Coxeter, der die Idee der hyperbolischen Mosaike einführte (regelmäßige Fliesen auf einer hyperbolischen Fläche). Wenn Sie die hyperbolische Geometrie mit der von Euklid vergleichen wollen, dann müssen Sie an zwei gerade Linien auf einer zweidimensionalen Fläche denken. Diese Linien stehen senkrecht auf einer anderen Linie. In der euklidischen Geometrie bleibt der Abstand zwischen den beiden Linien konstant und sie werden parallel genannt. In der hyperbolischen Geometrie weichen diese Linien voneinander ab: das sind Ultraparallelen. In der elliptischen Geometrie beugen die Linien sich zueinander und können einander schneiden. Formen, die auf einer gebogenen Fläche gezeichnet sind, sind ein Beispiel für hyperbolische Geometrie.

Eschers Werke *Zirkel Grenze I-IV* zeigen seine Einsicht in das hyperbolische Mosaik.

Coxeter schrieb über Eschers Zeichnungen: „Escher ist auf den Millimeter genau [...]. Er hat die mathematische Perfektion erreicht."

Übung 20

Mosaike von Escher

DIE AUFGABE:

Karl entwirft Ausstechförmchen, so dass er Plätzchen mit einer besonderen Form backen kann. Er hat schon Ausstechförmchen in der Form von Sternen und Halbmonden. Er wird von Eschers Entwürfen inspiriert und will gern ein Ausstechförmchen für Plätzchen entwerfen, die als Vögel oder Fische ineinander passen. Wie entwirft er ein solches Mosaik?

DIE METHODE:

Mosaike im Stile Eschers können durch einfache Veränderungen eines Basismosaiks von gleichseitigen Dreiecken oder Quadraten gemacht werden. Hier zeigen wir, wie eine Fliese in der Form eines Fisches gemacht werden kann, die parkettieren kann.

Wir beginnen mit einem quadratischen Stück Karton, auf das wir die Linie zwischen den angrenzenden Winkeln ziehen, die einem Fischkopf ähnelt.

Wir schneiden die Form aus und versetzen sie auf die andere Seite des Quadrats, wo wir sie befestigen. Am unteren Rand des Quadrats zeichnen wir eine Linie, die einer Fischflosse ähnelt. Auch diesen Teil schneiden wir aus und befestigen ihn an der oberen Seite des Quadrats.

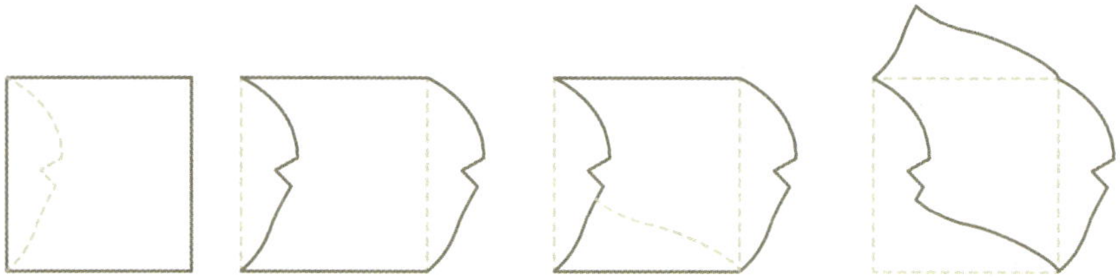

Wir haben jetzt eine Schablone gemacht, die parkettieren kann und die wir verzieren können, so dass das Ganze einem Fischschwarm ähnelt.

Dies resultiert in einem sich wiederholenden Muster, wobei alle Fische in dieselbe Richtung gucken. Wir bekommen ein ganz anderes Resultat, wenn wir die Stücke Karton, die wir ausgeschnitten haben, in eine andere Position drehen.

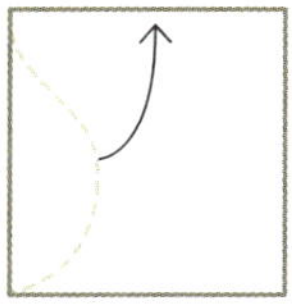

Wir beginnen wieder mit einem quadratischen Stück Karton und schneiden ein Stück aus, dass wir drehen und an der angrenzenden Ecke befestigen.

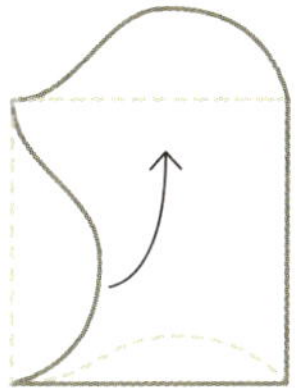

Wir machen dasselbe mit einer anderen Ecke und kreieren so einen Stachelrochen. Wir geben dieser Form mit einem Bleistift das richtige Aussehen. Wenn mehrere dieser Formen kombiniert werden, entsteht ein Schwarm von Stachelrochen, die aufeinanderzuschwimmen.

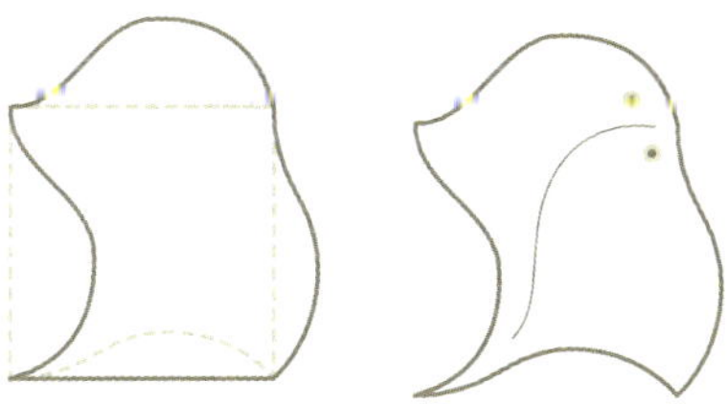

DIE LÖSUNG:

Karl kann Schablonen für Plätzchenformen machen, die durch einfache Veränderungen in der Form parkettieren können, indem man ein Quadrat oder ein gleichseitiges Dreieck anbringt.

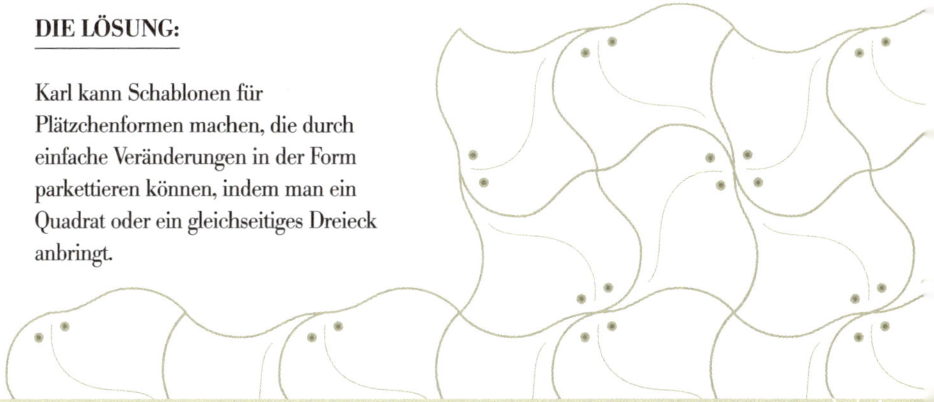

Roger Penrose

Roger Penrose ist ein englischer Mathematiker, Physiker und Kosmologe. Er ist emeritierter Professor der Mathematik an der Universität von Oxford. Er untersuchte die Quantenphysik und die Relativitätstheorie, wozu auch die schwarzen Löcher zählen. Aber er lieferte auch einen wichtigen Beitrag zu Algebra und Geometrie.

Penrose' Leben

Roger Penrose wurde 1931 in Essex geboren. Sein Vater war Genetiker und seine Mutter Ärztin. Penrose studierte Mathematik an der Universität von London und machte seinen Doktor in algebraischer Geometrie an der Universität von Cambridge. Er interessierte sich für Physik und 1959 veröffentlichte er etliche Artikel über Kosmologie.

1966 wurde Penrose Professor der angewandten Mathematik am Birkbeck College, London. Er untersuchte die Quantenphysik und die Relativitätstheorie, die er mit seiner Twistortheorie in

• Publikationen

Penrose' populär-wissenschaftliche Bücher behandeln die nicht algorithmischen Prozesse des menschlichen Denkens und die Quantumeffekte auf das Gehirn, die die Quelle des menschlichen Bewusstseins sind.

Computerdenken. Des Kaisers neue Kleider oder Die Debatte um Künstliche Intelligenz, Bewusstsein und die Gesetze der Natur *(1991): Penrose gibt darin eine Zusammenfassung der modernen Mathematik und behauptet, dass der menschliche Geist nicht durch künstliche Intelligenz simuliert werden kann.*

Schatten des Geistes. Wege zu einer neuen Physik des Bewusstseinss *(1995): Behandelt Theorien aus der modernen Physik über den menschlichen Geist und weitet die Argumente gegen künstliche Intelligenz aus.*

Raum und Zeit *(geschrieben zusammen mit Stephen Hawking, 1998): Eine Sammlung von Lesungen, die Penrose und Hawking 1994 über die Rolle der Mathematik und der Physik in der Kosmologie gehalten haben.*

Zyklen der Zeit. Eine neue ungewöhnliche Sicht des Universums *(2011): Behandelt die Beziehung zwischen der mathematischen und der physikalischen Welt mit Hilfe der hyperbolischen Geometrie, komplexer Zahlen usw. Dies ist bis dato Penrose' ambitioniertestes Buch.*

Der Romanautor Brian Aldiss arbeitete für seinen Science-fiction Roman White Mars *mit Penrose zusammen.*

• Das Penrose-Dreieck. Roger Penrose beschrieb diese Figur als eine „Unmöglichkeit in seiner reinsten Form“.

Zusammenhang brachte. Diese Theorie kombiniert algebraische und geometrische Methoden und war ein wichtiger Beitrag für die Physik. Penrose entwickelte ebenfalls die sogenannten Penrose-Diagramme, ein Koordinatensystem für die theoretische Physik. Das sind zweidimensionale Diagramme, die die Beziehung zwischen zwei verschiedenen Punkten in einer Zeit-Raumumgebung von schwarzen Löchern repräsentieren. In diesen Diagrammen verweist die horizontale Achse auf den Raum und die vertikale auf die Zeit.

Er untersuchte zusammen mit Stephen Hawking die schwarzen Löcher. Penrose wurde 1994 wegen seiner wissenschaftlichen Beiträge in den Adelsstand erhoben.

Unterhaltungsmathematik

1954 publizierte Penrose zusammen mit seinem Vater einen Artikel über unmögliche Figuren. Er schickte ihn an Escher, der das Penrose-Dreieck und die Penrose-Treppe in seinen Entwürfen verarbeitete.

DAINA TAIMINA

Daina Taimina ist eine lettische Mathematikerin, die an der Universität von Cornell doziert und Objekte häkelt, die hyperbolische Formen repräsentieren. Sie spezialisierte sich auf das Schaffen von großen, mathematisch korrekten, symmetrischen hyperbolischen Flächen, die sich voneinander entfernen, im Gegensatz zu Krümmungen auf einer Kugel, die sich gerade aufeinander zubewegen. Taimina untersuchte diese Flächen, indem sie die Anzahl der Maschen in der Häkelarbeit exponentiell erweiterte. Die gehäkelten Formen ähnelten einem Korallenriff. Hyperbolische Geometrie maximiert das Oberflächengebiet und minimiert das Volumen. So brauchen Korallenriffe eine große Oberfläche, um sich ernähren zu können.

• Hyperbolische Geometrie und Häkelnadel treffen sich mit überraschenden Ergebnissen.

PENROSE-PARKETTIERUNG

Wir sahen auf den Seiten 104-105, dass nur drei regelmäßige Vielecke ohne Überlappungen oder Lücken parkettieren können, das gleichseitige Dreieck, das Quadrat und das regelmäßige Sechseck. Mathematiker dachten, dass es in der Natur auch so sei und dass Kristalle aus zwei-, drei-, vier- und sechsfachen Rotationssymmetrien aufgebaut seien. Aber die Natur funktioniert anders als die Mathematik.

Drachen und Pfeile

Roger Penrose studierte Parkettierungen aus einer anderen Sicht. Die Parkettierungen, die für Tapetenmuster benutzt werden können (siehe S. 112-113), füllen die Oberfläche in einem sich regelmäßig wiederholenden Muster aus. Penrose versuchte, eine Parkettierung mit einer Anzahl Figuren zu kreieren, bei der keine Lücken oder Überlappungen entstehen und die sich nicht wiederholen sollte. 1619 hatte Johannes Kepler bereits gezeigt, dass die Lücken, die bei einer Parkettierung mit einem regelmäßigen Fünfeck entstehen, mit einem fünfstrahligen Stern (Pentagramm), Zehnecken und anderen Vielecken gefüllt werden können. Penrose machte daher seine erste Parkettierung mit regelmäßigen Fünfecken und den folgenden Formen: ein Boot (ungefähr 3/5 eines Sterns) und eine schmale Raute oder Diamant. Letztendlich fand Penrose 1974 zwei Formen, die parkettieren in einer fünfseitigen, sich nicht wiederholenden Symmetrie. Diese wird die Penrose-Parkettierung genannt. Beide Parkettierungen sind von einem regelmäßigen Fünfeck

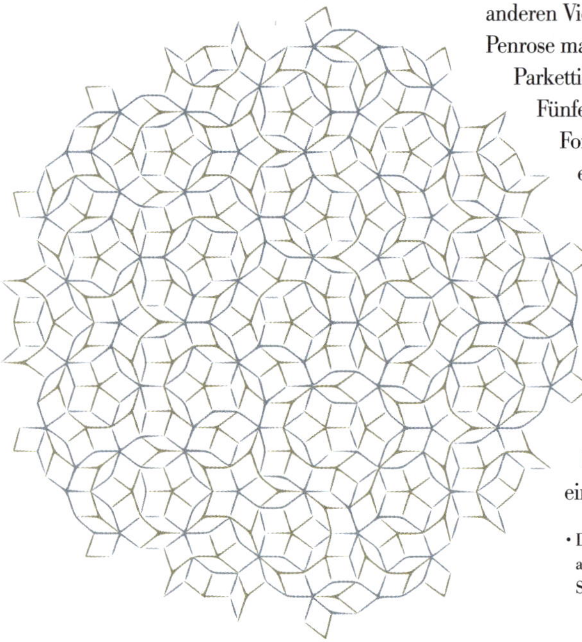

• Diese Penrose-Parkettierung ist aufgebaut aus zwei verschiedenen Sorten Rautenformen.

abgeleitet und wurden bekannt als der Pfeil und der Drachen.

Die Parkettierungen, die entstehen, wenn diese Formen kombiniert werden, können anhand der Regeln kreiert werden, die vermeiden, dass einfache sich wiederholende Muster entstehen. So kann eine große Anzahl komplizierter Muster generiert werden. Nicht mehr als zwei dieser Parkettierungen zeigen eine fünffache Rotationssymmetrie und werden das Stern- und das Sonnenmuster genannt. Wenn diese Muster um 72° gedreht werden, scheinen sie identisch zu sein, aber sie haben keine Translationssymmetrie: eine Kopie, die vom Rotationszentrum aus versetzt wird, kann niemals so positioniert werden, dass sie mit dem Original identisch ist. Martin Gardner, Autor von Mathematikbüchern für ein breites Publikum, bemerkte, dass ein Muster, das aus dem Zentrum entfernt wurde, scheinbar danach strebt, sich zu wiederholen, ohne dass dies gelingen kann.

Es scheint, dass solche Muster sehr wohl in der Natur vorkommen: Quasikristalle können eine fünffache Symmetrie besitzen. Diese sind im Gegensatz zu den meisten Kristallen nicht aus einer Form aufgebaut. Quasikristalle haben interessante Eigenschaften: so leiten die metallischen Quasikristalle schlecht Hitze, aber sie können gebraucht werden, um Antihaftschichten herzustellen. Penrose-Parkettierungen sind nicht neu. In der islamischen Kunst werden schon seit mehr als 500 Jahren Parkettierungen benutzt, die der Penrose-Parkettierung ähneln.

FRÜHE GIRIH-PARKETTIERUNGEN

Peter Lu, Doktorand der Physik an der Universität von Harvard, studierte die komplizierten geometrischen Girih-Muster auf 800 Jahre alten Gebäuden in Usbekistan. In einem Artikel in *Science* behauptete er, dass den Parkettierungen mathematische Ideen zugrunde liegen, die erst Hunderte von Jahren später entwickelt wurden. Lu war der Meinung, dass die Parkettierungen anders zustande gekommen waren, als wir bisher dachten. Wenn die Muster direkt auf die Mauer gezeichnet worden wären, würde man erwarten, dass Fehler gemacht worden sind. Lu stellte allerdings fest, dass die Muster erstaunlicherweise perfekt waren. Er wurde dadurch inspiriert, den Beweis zu suchen, dass man in jener Zeit informelle Kenntnis hatte von Mustern wie der Penrose-Parkettierung.

Übung 21

Reptilien

DIE AUFGABE:

Alexa entdeckt, dass sie vier quadratische Plastikfliesen zu einer größeren Version dieser Fliese zusammenfügen kann. Sie weiß allerdings, dass vier Hexagone nicht zusammengefügt werden können zu einem großen Hexagon. Für welche anderen Fliesen, die hier unten abgebildet sind, gilt, dass Alexa mit vier davon eine größere Version des Originals bilden kann? Sie darf die Fliesen drehen, wenn es nötig ist.

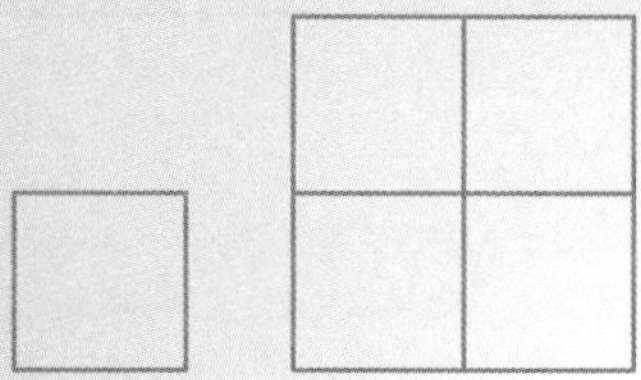

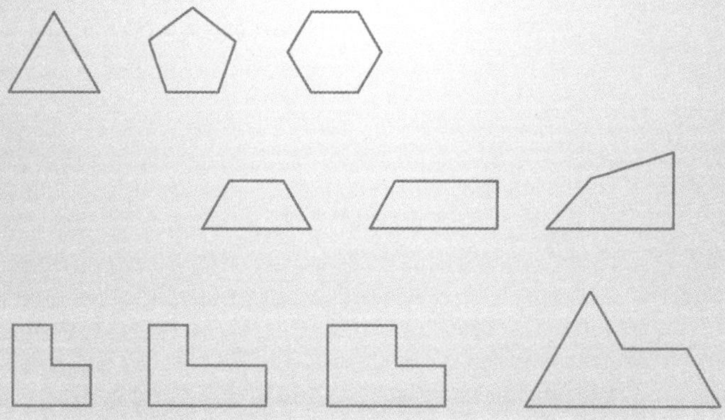

DIE METHODE:

Vier gleichseitige Dreiecke können so wie das Quadrat zu einer größeren Version des Originals zusammengefügt werden.

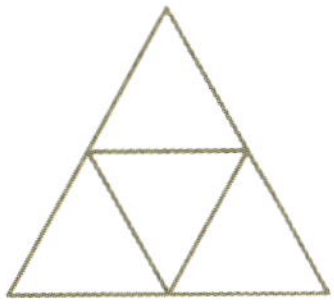

Das Fünfeck kann nicht parkettieren. Mehrere Fünfecke können also nicht zu einem großen Fünfeck zusammengefügt werden, ohne dass Lücken oder Überschneidungen entstehen. Das Sechseck kann parkettieren und vier Sechsecke passen ineinander, aber bilden zusammen kein größeres Sechseck.

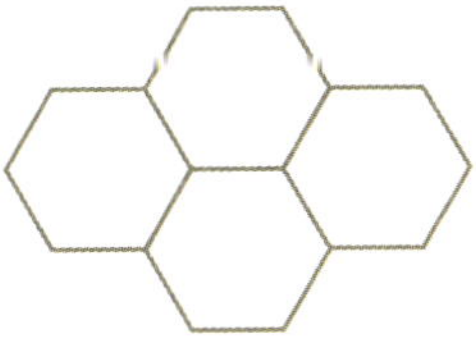

Von vier symmetrischen Trapezoiden kann man eine größere Version des Originals bilden. Andere Trapezoide sind ebenso selbstreplizierend.

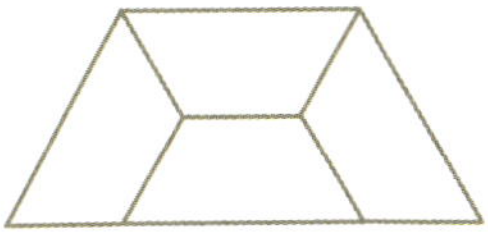

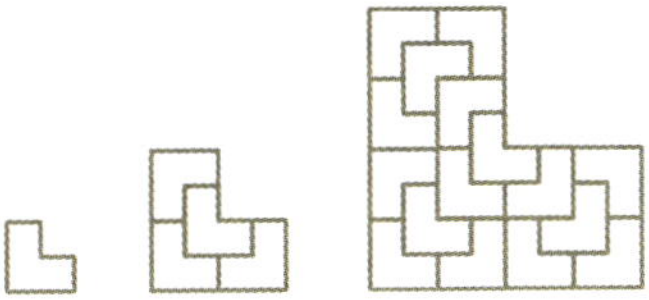

Diese L-Formen können auch zu einer größeren Version des Originals kombiniert werden. Die letzte Form wird die Sphinx genannt, weil sie den Konturen der bekannten ägyptischen Skulptur ähnelt. Diese Form ist ebenfalls selbstreplizierend.

DIE LÖSUNG:

Formen, die so kombiniert werden können, dass sie zusammen eine größere Version des Originals bilden, werden replizierende Formen genannt. Solomon Golomb entdeckte die L-förmige replizierende Fliese, die zusammengefügt werden kann mit anderen L-förmigen Fliesen, so dass eine größere L-Form entsteht.

Martin Gardner

Martin Gardner verwandte den größten Teil seines Lebens auf die Unterhaltungsmathematik. Er schrieb von 1956-1981 eine Kolumne über mathematische Spiele im *Scientific American*. Auch veröffentlichte er mehr als 70 Bücher über Unterhaltungsmathematik. Selbst sagte er: „Ich spiele ganz einfach immer und ich habe das Glück, dass ich dafür bezahlt werde."

Das Leben Martin Gardners

Gardner wurde 1914 geboren und verbrachte seine Jugend in Oklahoma. Er machte 1936 sein Examen in Philosophie an der Universität von Chicago. Im Zweiten Weltkrieg meldete er sich zur amerikanischen Marine. Nach dem Krieg verdiente er sein Geld mit dem Schreiben von Artikeln für Zeitschriften und Zeitungen, dazu zählte die Kinderzeitschrift *Humpty Dumpty's Magazine*. In den fünfziger Jahren zog er mit seiner Frau und seinen zwei Söhnen nach New York. 1979 zog die Familie nach North Carolina. Als seine Frau verstorben war, zog Gardner zu seinem Sohn nach Oklahoma. Er erhielt etliche Preise für sein Werk und starb 2010.

Gardners Werke

1956 schrieb Gardner *Mathematics, Magic and Mystery*, eins seiner ersten von insgesamt 70 Büchern über Unterhaltungsmathematik, und einen erfolgreichen Artikel für *Scientific American* über Hexaflexagone. Diese Veröffentlichungen führten zu seiner monatlichen Kolumne über mathematische Spiele, die er 25 Jahre lang schrieb. Eine ganze Generation Mathematiker wuchs mit Gardners Kolumne auf und viele kauften *Scientific American* nur wegen seiner mathematischen Spiele. Gardners Veröffentlichungen sorgten dafür, dass die Mathematik in Nordamerika popularisiert wurde und die Titel sind ein Vorgeschmack auf den Inhalt: *100 Tricks, zaubern mit der Wissenschaft* (1966), *Bemerkungen zu Alice* (1970), *Magie und Mysterie mit Mathematik* (1982), die *Mathematische Kirmes* (1985), der *Mathematische Karneval: gesellige Zahlen, mathematische Zahlen und mathematische Spiele* (1987), *From Penrose Tiles to the Trapdoor* (1989) und *Origami* (2008). Er schrieb auch etliche Bücher über Pseudowissenschaft, wozu *Fads and Fallacies in the Name of Science* (1957) und *Did Adam and Eve have Navels?* (2001) zählte.

„Ich hatte keinen traditionellen Mathematikunterricht, aber immer eine Passion und Ehrfurcht für die Wunder der Mathematik [...]. Ich genieße die Mathematik so wegen ihrer überirdischen Schönheit." ***Martin Gardner***

BLIVET

Ein Blivet ist eine unmögliche Figur und eine optische Illusion. An der einen Seite scheint es drei Zinken zu haben und an der anderen Seite nur zwei. Escher nutzte diese Form als Basis für seine unmögliche Architektur. Martin Gardner schrieb über dieses Blivet in seinem Buch *Mathematischer Zirkus*.

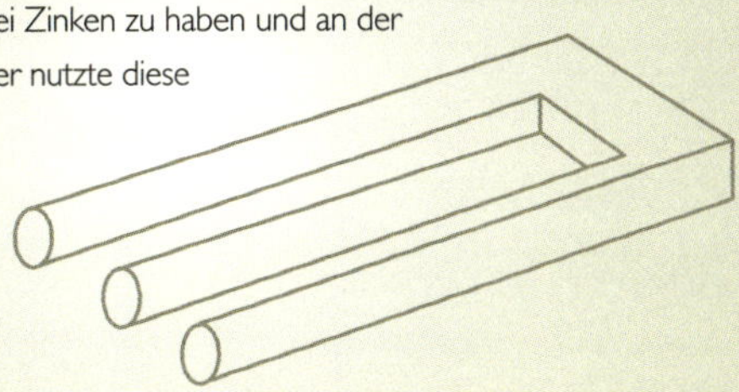

Ein Leben der Unterhaltungsmathematik gewidmet

Gardner hatte nicht Mathematik studiert, aber er war immer an mathematischen Puzzles und Problemen interessiert gewesen. Als er noch ein Kind war, gab sein Vater ihm ein Exemplar von Sam Lloyds *Cyclopedia of Puzzels*. Er war auch in seiner Jugend fasziniert von Magie und Zaubertricks.

Gardner traf eine große Zahl wichtiger Mathematiker für seine Arbeit für *Scientific American*. Er machte viele mathematische Themen für ein größeres Publikum begreiflich. Er half Escher, seine Arbeit zu publizieren, machte ein großes Publikum auf die Penrose-Parkettierung und Conways *The game of life* aufmerksam, er führte den Begriff Flexagone ein, den Somakubus, Polyominos, Tangram, Fraktal und das Brettspiel Hex.

Replizierende Fliesen

Parkettierungen sind ein wichtiges Thema in der Unterhaltungsmathematik – wir haben gesehen, wie Penrose die Fliesen, die nach ihm benannt sind, entdeckt hat. Solomon Colomb war ein anderer Mathematiker, der von Fliesen fasziniert war und Martin Gardner schrieb über seine Arbeit. Golomb erfand die Polyominos, die eine Inspiration für das Spiel Tetris und die replizierenden Fliesen waren. Unterhaltungsmathematiker versuchen weiter, mehr und mehr interessante replizierende Fliesen zu finden.

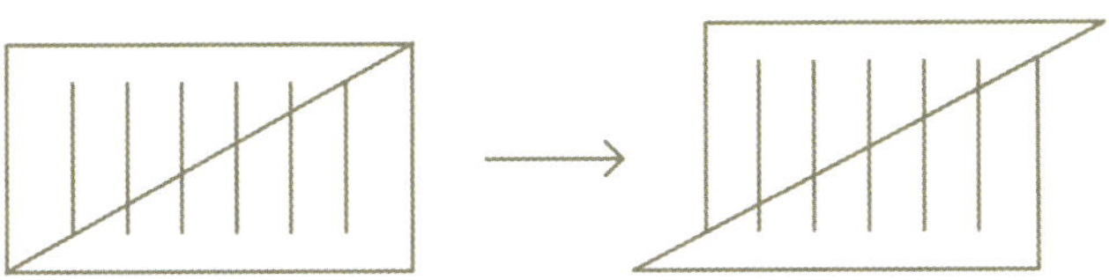

Kapitel

5

Ein Sonntag im Park

Die Fundamente der euklidischen Geometrie sind nur mit Lineal und Zirkel zustande gekommen. Diese Geometrie beschäftigt sich hauptsächlich mit der Messung von Winkeln und der Länge von Seiten. Man könnte sie also als quantitativ bezeichnen. Spaziergänge am Sonntagnachmittag und die Beziehung zwischen verschiedenen Menschen auf einem Fest gehören zu einer neuen Art der Geometrie: das Studium von Netzwerken, auch qualitative Geometrie genannt.

Übung 22

Ein Museumsbesuch

DIE AUFGABE:

Martin besucht eine Ausstellung. Hier sehen Sie einen Plan der Räume. Martin fragt sich, ob er so durch alle Räume in dem Museum laufen kann, dass er jede Tür genau einmal benutzt aber durchaus den selben Raum zweimal besucht. Welchen Weg wählt er?

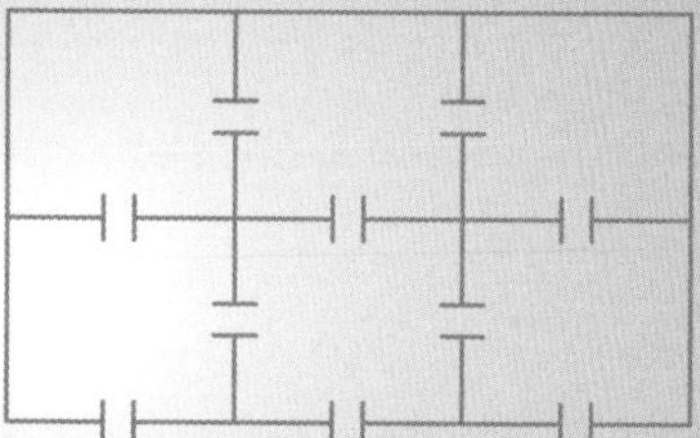

DIE METHODE:

Wenn wir versuchen, die Route zu zeichnen, wird deutlich, dass diese Aufgabe ein nicht alltägliches Problem darstellt. Wo wir die Route auch beginnen lassen, es gelingt uns nach diesen Vorgaben nicht, alle Räume zu besuchen. Es ist auch unmöglich, eine Route durch dieses Museum zu finden, bei der jede Tür genau einmal benutzt wird. Wir wollen das systematisch anpacken: wir kennzeichnen die Räume mit den Buchstaben A bis F. Den Außenbereich nennen wir G.

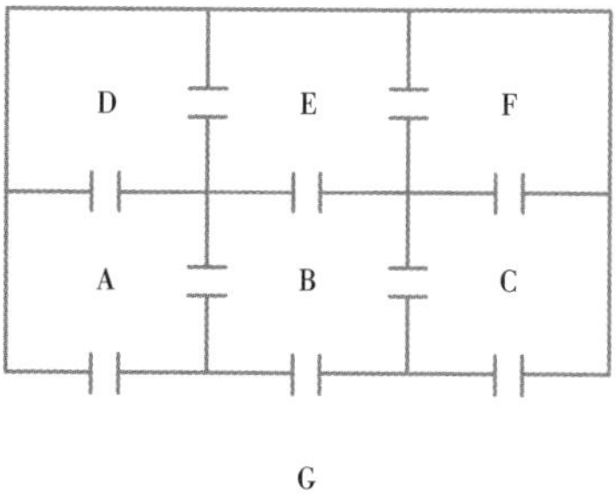

In einer Skizze reduzieren wir die Räume zu Kreisen oder Knotenpunkten, die Türen stellen wir durch Linien dar, die die Knotenpunkte miteinander verbinden.

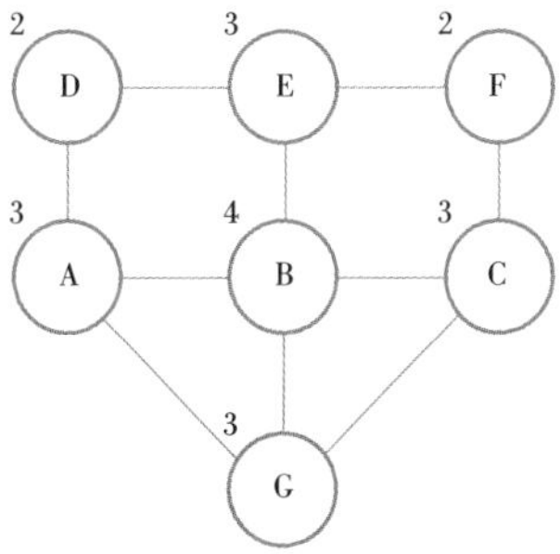

In diesem Netzwerk hat Raum A drei Türen, die wiedergegeben werden mit den Linien von A nach B, D und G. Die Anzahl der Linien, die von einem Knotenpunkt ausgehen, wird die Valenz genannt. Knotenpunkt A hat eine Valenz von 3, B hat eine Valenz von 4 usw. Wenn Martin einen Raum in dem Museum betritt, muss er diesen Raum natürlich auch wieder verlassen können. Knotenpunkt D hat eine Valenz von 2, eine gerade Zahl. Knotenpunkt B hat eine Valenz von 4, so dass Martin zweimal diesen Raum betreten und verlassen kann. Knotenpunkt E hat allerdings eine Valenz von 3. Das bedeutet, dass man diesen Raum betreten und verlassen kann und ihn noch einmal betreten muss. Man kann diesen Raum allerdings nicht verlassen, ohne die Tür ein zweites Mal zu benutzen. Das bedeutet, dass eine Tür jedes Raums mit einer ungeraden Anzahl Türen zweimal benutzt werden muss.

Die folgenden Räume haben eine ungerade Valenz: A (3), C (3), E (3), G (3). Selbst wenn Martin in einem dieser Räume beginnt, wird er festlaufen in einem der anderen Räume mit einer ungeraden Valenz, bevor er alle Räume besuchen konnte.

DIE LÖSUNG:

Martin kann nicht alle Räume in dem Museum besuchen und jede Tür einmal benutzen. Er wird einfach die Ausstellung genießen müssen.

DIE BRÜCKEN VON KÖNIGSBERG

Das Museumsproblem ist ein gutes Beispiel für das mathematische Studium von Netzwerken oder der Graphentheorie. Der Plan der Ausstellung (siehe S. 129) ähnelt nicht wirklich den Diagrammen, die wir in Zeitungen oder Wahlumfragen sehen, aber auch das ist Mathematik. Leonhard Euler (siehe S. 132-133) entwickelte die Graphentheorie anlässlich eines Spaziergangs durch Königsberg.

In Königsberg befanden sich im 18. Jahrhundert zwei Inseln in dem Pregel. Sieben Brücken verbanden die Inseln und die Flussufer miteinander.

Es wird erzählt, dass die Einwohner von Königsberg am Sonntagnachmittag oft über die verschiedenen Brücken gingen. Niemand hatte allerdings eine Route gefunden, bei der jede Brücke nur einmal überquert wurde. Euler war fasziniert von dieser Frage und stellte 1735 fest, dass es eine solche Route nicht gibt. Für die Mathematik stellte dies ein unbekanntes Problem dar und Eulers Werk sorgte für neue Einsichten. Er reduzierte die Frage auf das Wesentliche. Er sah, dass die wirklichen Abmessungen des Flusses, seine Ufer und Inseln irrelevant waren. Allein die Orte, die ein Spaziergänger erreichen konnte und die Brücken dorthin waren wichtig. Eigentlich gab es nur vier Orte, an denen sich ein Spaziergänger aufhalten konnte: an einem der beiden Ufer oder auf einer der Inseln. Diese Orte können durch Kreise oder Knotenpunkte repräsentiert werden und die Brücken durch Linien, die die Knotenpunkte miteinander verbinden. So wurde eine Karte der Stadt mit ihren Brücken zu einer schematischen Übersicht reduziert. Euler war so in der Lage zu zeigen, warum eine solche Route nicht existiert. Zunächst kam er zu dem Schluss, dass es nur zwei Sorten von Routen über die Brücken gibt. Der Spaziergänger kann an demselben Punkt beginnen und enden oder an einem bestimmten Punkt beginnen und an einem anderen enden.

• Die sieben Brücken von Königsberg verbinden die Inseln Kneiphof und Lomse miteinander und mit dem nördlichen und südlichen Flussufer.

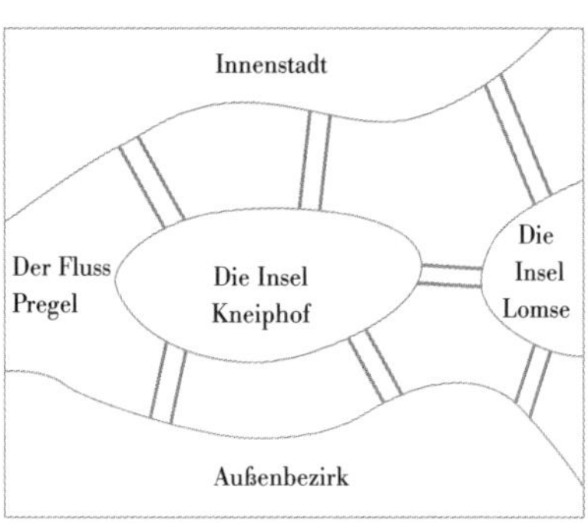

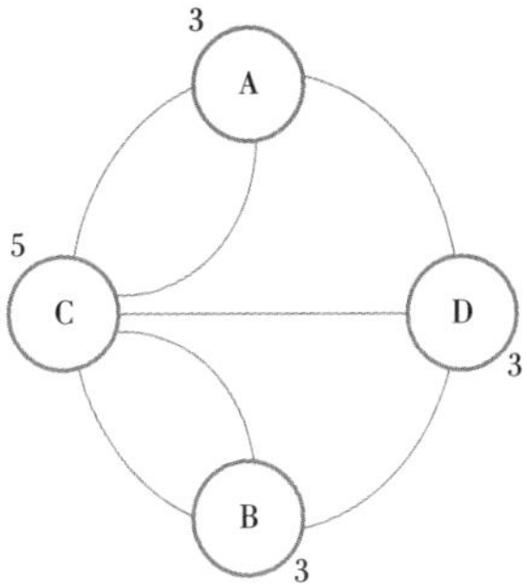

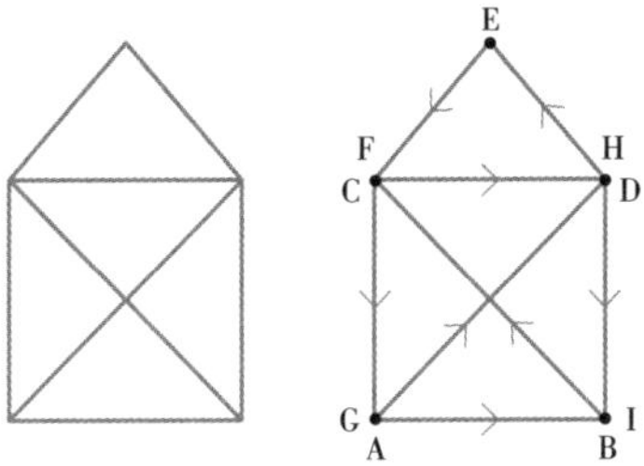

Für den ersten Typ, eine geschlossene Route, muss jede Linie, die zu einem Knotenpunkt läuft, kombiniert werden mit einer Linie, die den Knotenpunkt verlässt. Die Anzahl der Linien pro Knotenpunkt muss gerade sein. Drei von den Knotenpunkten in unserer Netzwerkrepräsentation (A, B und D) haben einen Wert von 3 und Knotenpunkt C hat selbst einen Wert von 5. Eine Route des ersten Typs ist also unmöglich.

Bei einer Route des zweiten Typs, einer offenen Route, dürfen zwei Knotenpunkte einen ungeraden Wert haben: der Knotenpunkt, wo der Spaziergänger beginnt und wo er endet. Dieses Netzwerk hat allerdings vier Knotenpunkte mit einem ungeraden Wert, also ist auch dieser Typ Route unmöglich.

Eulers wichtigster Beitrag war, dass seine Ergebnisse auf jedes Netzwerk angewandt werden können. Ein Netzwerk muss verbunden sein, d.h. dass jeder Knotenpunkt mit einem anderen verbunden sein muss. Ein solches Netzwerk benötigt nicht mehr als zwei Knotenpunkte, um eine geschlossene und offene Route zu ermöglichen. Vielleicht kennen Sie das populäre Rätsel, das aus der Unterhaltungsmathematik stammt, bei dem Sie die obige Darstellung zeichnen müssen, ohne Ihren Stift vom Papier zu heben oder zwei Mal über dieselbe Linie zu gehen.

Wege und Routen

Wir untersuchen ein Netzwerk mit zwei Knotenpunkten, die beide einen ungeraden Wert haben. Die Route durch das Netzwerk muss bei diesen Knotenpunkten beginnen und enden und jeder Weg darf nur einmal benutzt werden. Das wird ein Euler-Weg genannt. Wir betrachten jetzt ein Netzwerk mit zwei Knotenpunkten mit geraden Werten. Hier beginnen und enden wir mit denselben Knotenpunkten.

Moderne Anwendungen

Eulers Untersuchung von Netzwerken und seine Graphentheorie waren hauptsächlich für die Lösung mathematischer Probleme vorgesehen. Die Graphentheorie hat heute allerdings viele praktische Anwendungen. So spielt sie eine große Rolle bei der Rekonstruktion von genetischem Material (RNA, verwandt mit DNA), wenn nur Fragmente verfügbar sind. Euler-Wege spielen bei diesem Prozess eine Schlüsselrolle.

Leonhard Euler

Euler war ein Schweizer Mathematiker und Physiker, der einen großen Teil der mathematischen Notationen und Terminologie, die wir heute gebrauchen, einführte.

Er wandte die Ideen von Fermat auf die Nummerntheorie an, insbesondere die Primzahlen und perfekte Zahlen. Er trug zur Graphentheorie bei, die den heutigen Computernetzwerken zugrunde liegt und löste das Problem, dass als „Die sieben Brücken von Königsberg" bekannt ist. Er löste praktische und physikalische Probleme mit Hilfe von mathematischer Analyse. Er entwickelte die sogenannten Euler-Diagramme, ein Mittel, um Syllogismen wiederzugeben. Euler bewies das Bestehen der Euler-Linie und zeigte, dass es eine konstante Beziehung gibt zwischen den Flächen, Kanten und Knotenpunkten aller Vielecke. Auch entwickelte er eine Formel für die Verteilung von Vielecken und eine für das Generieren von Dezimalen von Pi. Euler publizierte 886 Bücher und war damit der produktivste Mathematiker seiner Zeit.

Eulers Leben

Leonhard Euler wurde 1707 in Basel geboren. Er beabsichtigte, wie sein Vater Minister zu werden. Der Schweizer Mathematiker Bernoulli ermutigte ihn allerdings, Mathematiker zu werden. Als er 20 Jahre alt war, wurde er als Dozent an der Russischen Akademie der Wissenschaften in Sankt Petersburg angenommen. Er untersuchte die menschliche Stimme, Geräusche und Musik und die Mechanik der teleskopischen und mikroskopischen Perzeption. 1741 wurde Euler eine Position an der Berliner Akademie der Wissenschaften Friedrichs des Großen von Preußen angeboten, wo er eine große Anzahl mathematischer Werke publizierte. In höherem Alter erblindete Euler durch eine Augenkrankheit fast vollständig. Doch dank seines fotografischen Gedächtnisses konnte er weiterhin an komplizierten mathematischen Problemen arbeiten. 1766 lud Katharina die Große ihn ein, nach Russland umzuziehen, wo er bis zu seinem Tod 1783 lebte. Er hatte zusammen mit seiner Frau dreizehn Kinder.

„Jetzt werde ich weniger abgelenkt."

Aussprache des Leonhard Euler, als er sein rechtes Augenlicht verlor.

CATALAN-ZAHLEN

Eugène Catalan (1814-1894) war ein belgischer Mathematiker, der die Catalan-Zahlen entwickelte. Catalan entdeckte einen Zusammenhang zwischen der Zahlenreihe Eulers, die die Vielecke betrifft, und dem Setzen des Turms beim Hanoi Puzzle. Viele Probleme in der Kombinatorik haben einen Zusammenhang mit den Catalan-Zahlen: 1, 1, 2, 5, 14, 42, 132, 429....

Wir können Klammern benutzen, um die Catalan-Zahlen zu demonstrieren. Jede Klammer muss durch eine andere Klammer geschlossen werden. Und ein Paar Klammern kann ein anderes Paar umschließen.

()
(())   ()()
(()())   ((()))   ()()()   (())()
()(())

Auf wie viele verschiedene Arten können Menschen, die an einem runden Tisch sitzen, einander die Hand schütteln, ohne ihre Arme zu kreuzen?

Eulers Frage zu den Vielecken

1751 besprach Euler eine Frage mit dem Mathematiker Christian Goldbach: auf wie viele verschiedene Arten kann man mit Hilfe von Diagonalen ein konvexes Vieleck in Dreiecke aufteilen? Für ein Quadrat ist die Antwort 2 und für ein Fünfeck 5. Für ein Sechseck gibt es 14 Möglichkeiten.

Die Zahlenreihe sieht wie folgt aus: 1, 2, 5, 14, 42, 132..... Die Anzahl der Möglichkeiten nimmt also schnell zu. Euler entwickelte eine Formel für die Bestimmung dieser Zahlen.

• **Das Diagramm unten zeigt systematisch, wie Diagonalen die Polyeder in Dreiecke aufteilen. Ein Sechseck kann auf 42 verschiedene Arten in Dreiecke aufgeteilt werden und ein Achteck auf 132 Arten.**

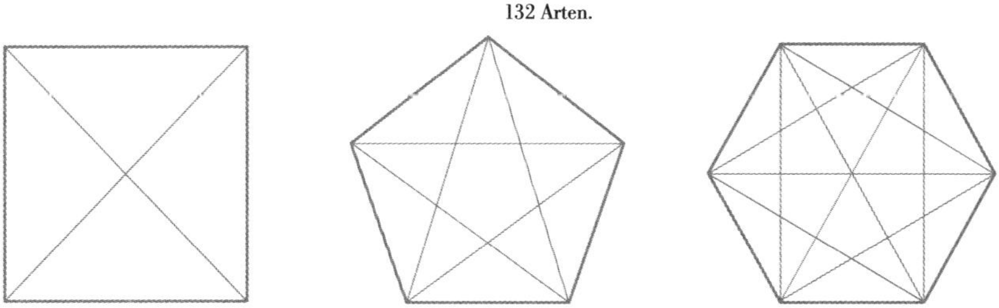

Übung 23

Neue Freunde

DIE AUFGABE:

Claudia gibt eine Party und will dafür sorgen, dass mindestens drei Menschen sich kennen oder mindestens drei Menschen sich nicht kennen (so dass sie durch die Gastgeberin einander vorgestellt werden können). Was ist die kleinste Anzahl Menschen, die Claudia einladen muss?

DIE METHODE:

Die Graphentheorie kann helfen, eine Lösung zu finden, indem die Gäste durch Knotenpunkte und die Beziehung zwischen den Gästen durch Linien repräsentiert werden. Wir beginnen mit einer kleinen Anzahl Gäste. Angenommen, dass fünf Personen zu dem Fest kommen. Es ist möglich, die Gäste so um den Tisch zu ordnen, dass jeder die Person links oder rechts von sich kennt, sonst aber niemanden.

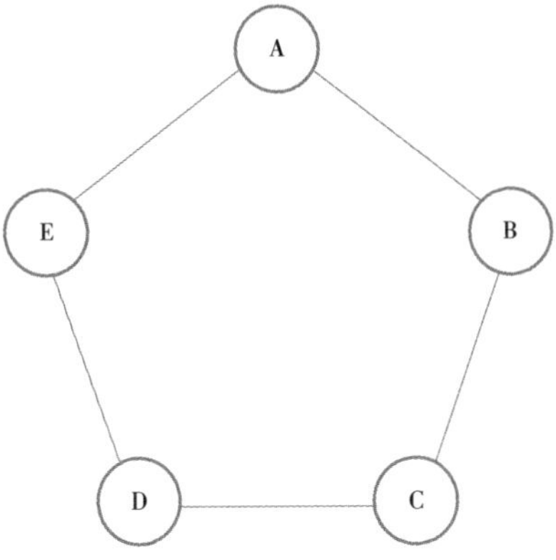

Wir können aus diesem Netzwerk ableiten, dass es keine drei Freunde gibt, weil kein Dreieck gebildet wurde. Gibt es drei Menschen, die einander nicht kennen? Wir können ein ergänzendes Netzwerk zeichnen, worin Menschen, die sich nicht kennen, miteinander verbunden werden.

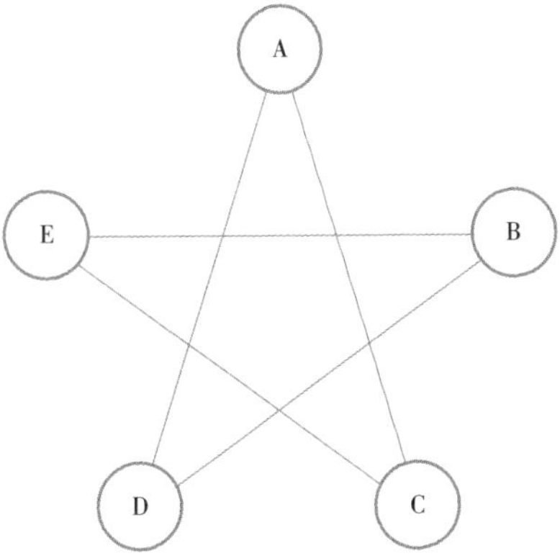

Auch jetzt wird kein Dreieck gebildet. Es gibt also keine drei Menschen, die einander nicht kennen. Wie sieht das aus mit sechs Gästen? Wir können uns hier besser auf einen Gast konzentrieren, zum Beispiel Agnes. Agnes soll entweder mindestens drei Gäste kennen oder mindestens drei Gäste nicht kennen. Wir beginnen mit der ersten Möglichkeit: Agnes kennt drei Menschen (es macht nichts aus, ob sie mehr als drei Menschen kennt). Das Zeichnen des Netzwerks für Agnes (A) und ihre drei Freunde ist einfach.

Wenn die drei Freunde von Agnes sich untereinander nicht kennen, dann

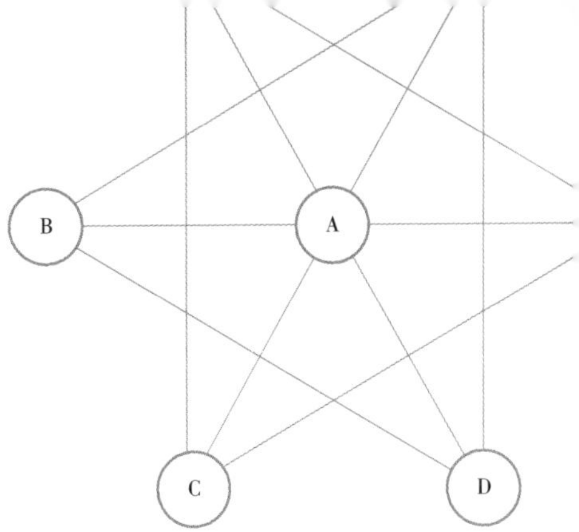

haben wir drei Gäste gefunden, die sich nicht kennen. Wenn zwei von ihnen sich kennen, dann haben wir drei Freunde gefunden. Wenn Agnes mindestens drei der fünf anderen Gäste kennt, können wir diese Frage einfach lösen.

Wenn Agnes nicht mindestens drei der fünf Gäste kennt und wenn zwei dieser drei sich auch nicht kennen, dann haben wir drei Gäste, die sich nicht kennen, gefunden. Das ist nur dann nicht der Fall, wenn diese drei Menschen sich kennen. In dem Falle haben wir drei Freunde gefunden.

DIE LÖSUNG:

Solange Claudia mindestens sechs Menschen auf ihr Fest einlädt, kann sie sicher sein, dass sie drei Freunde eingeladen hat oder drei Gäste, die sich nicht kennen.

DAS VIERFARBENPROBLEM

1852 war der Mathematikstudent Francis Guthrie von der Tatsache fasziniert, dass nicht mehr als vier Farben nötig sind, um eine Landkarte so zu färben, dass keine zwei angrenzenden Gebiete dieselbe Farbe haben. Aber weder Guthrie noch sein Mentor, der Mathematiker De Morgan, konnten dies beweisen. Es hat Mathematiker mehr als ein halbes Jahrhundert gekostet, dieses Vierfarbenproblem zu lösen.

Abzeichen

Angenommen, jemand will Abzeichen machen, auf die der untenstehende Entwurf gedruckt werden soll. Es dürfen aber nur so wenig Farben wie möglich benutzt werden. Wie viele Farben sind notwendig für jedes Abzeichen, damit keine zwei angrenzenden Flächen dieselbe Farbe haben? Mit angrenzenden Flächen ist gemeint, dass diese eine Seite teilen.

Für die ersten Abzeichen brauchen wir nur zwei Farben: die Flächen, die sich schräg gegenüberliegen, können dieselbe Farbe bekommen. Das zweite Abzeichen benötigt drei Farben und das dritte vier. Versuchen Sie, ein Abzeichen zu entwerfen, das fünf Farben benötigt. Das wird nicht gelingen. Das ist dann auch das Wesentliche des Vierfarbenproblems: ein Maximum von vier Farben ist notwendig, eine grafische Darstellung so zu färben, dass keine der angrenzenden Flächen dieselbe Farbe hat.

Komplexität und Einfachheit

Der Beweis der Vierfarbenbehauptung ist eine lästige Aufgabe. Niemand ist jemals in der Lage gewesen, eine grafische Darstellung zu entwerfen, die mit mehr als vier Farben gefärbt werden muss, damit keine einzige angrenzende Fläche dieselbe Farbe hat. Aber das ist in den Augen von skeptischen Mathematikern kein ausreichender Beweis für die Behauptung.

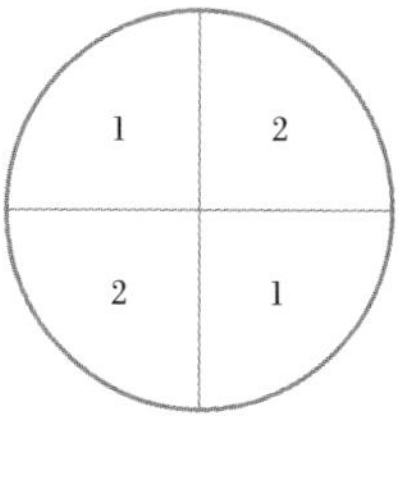

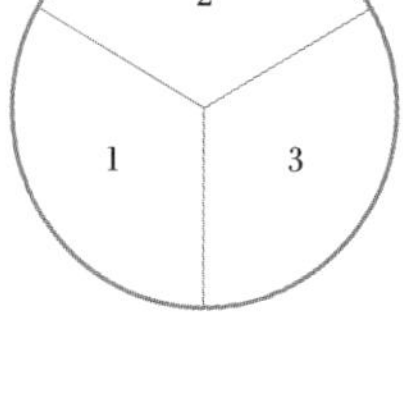

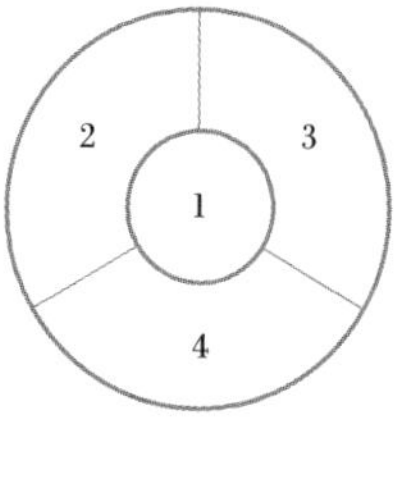

Eine eingeschränkte Akzeptanz

Vielleicht haben Mathematiker diese Frage jahrelang vernachlässigt, weil sie so einfach schien. Sie dachten wahrscheinlich, dass so ein einfaches Problem auch eine einfache Lösung haben würde und wollten darum lieber nichts darüber veröffentlichen. Der erste Artikel über diese Frage stammt aus dem Jahr 1860 und wurde anonym publiziert. Der zweite Artikel wurde 1879 im Auftrag der Royal Geographical Society von dem Mathematiker Cayley geschrieben. Kempe veröffentlichte 1879 einen Beweis, der 1890 wieder von Heawood entkräftet wurde. Erst 1976 lieferten Appel und Haken den Beweis, der von einem Computerprogramm für mehr als tausend Fälle kontrolliert wurde. 1996 wurde dasselbe gemacht, aber für weniger als fünfhundert Fälle. Es wurde heftig diskutiert, ob eine solche Annäherung wohl einen soliden Beweis bringen würde. Heute ist diese Methode eher akzeptiert.

Von vier zu sieben Farben

Die Vierfarbenbehauptung gilt für alle flachen grafischen Darstellungen und für Darstellungen, die auf der Oberfläche eines Zylinders gezeichnet sind. Aber gilt die Behauptung auch für eine grafische Darstellung, die auf einer Donutform oder einer Rettungsboje gezeichnet ist? Ist es möglich, eine Darstellung zu zeichnen, für die sieben Farben nötig sind, so dass keine einzige angrenzende Fläche dieselbe Farbe hat. Die Abbildung unten zeigt, wie eine Darstellung in sieben Farben in einen Torus transformiert werden kann, wobei jede Fläche alle anderen Flächen berührt.

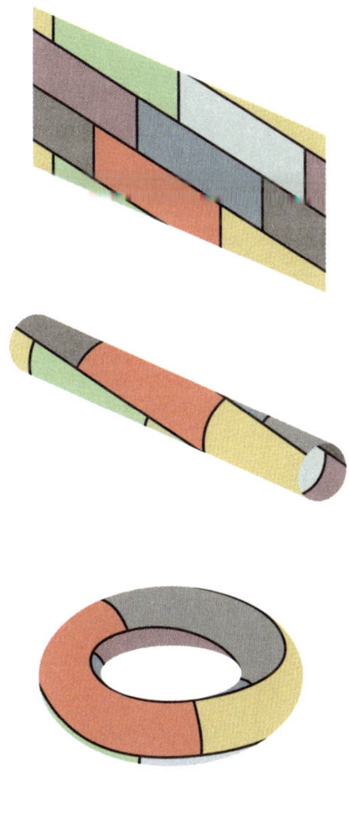

„Angenommen, ein Künstler macht ein Gemälde von einem braunen Kalb und einem großen braunen Hund […]. Er muss sie dann so abbilden, dass sie voneinander zu unterscheiden sind […]. So ist es auch mit Landkarten. Das ist der Grund, warum sie jedem Staat in Amerika eine andere Farbe gegeben haben.“

Mark Twain

Übung 24

DAS FÜNFFARBENPROBLEM

DIE AUFGABE:

Wir wissen jetzt, dass es schwierig ist zu beweisen, dass für eine Landkarte nicht mehr als vier Farben notwendig sind. Aber können wir beweisen, dass es unmöglich ist, eine Landkarte mit fünf Gebieten zu entwerfen, bei der fünf Farben gebraucht werden müssen, damit die angrenzenden Flächen nicht dieselbe Farbe haben?

DIE METHODE:

Wir machen für diese Frage von der Netzwerktheorie Gebrauch. Eine Landkarte kann in ein duales Netzwerk umgesetzt werden. In diesem Netzwerk werden die Gebiete wiedergegeben durch Knotenpunkte. Wenn diese Gebiete aneinandergrenzen, sind die zwei Knotenpunkte durch eine Linie miteinander verbunden. Hier sehen Sie eine Karte und ihre Darstellung als Netzwerk.

Ein wichtiges Kennzeichen der Netzwerke, die auf diese Weise gemacht werden, ist, dass sie flach sind. Das bedeutet, dass sie immer so gezeichnet werden können, dass die Linien sich nicht schneiden. Die Aufgabe kann jetzt neu formuliert werden. Ist es möglich, eine flache Graphik mit fünf Knotenpunkten zu konstruieren, wobei alle Knotenpunkte miteinander verbunden sind? Wenn das möglich ist, haben wir

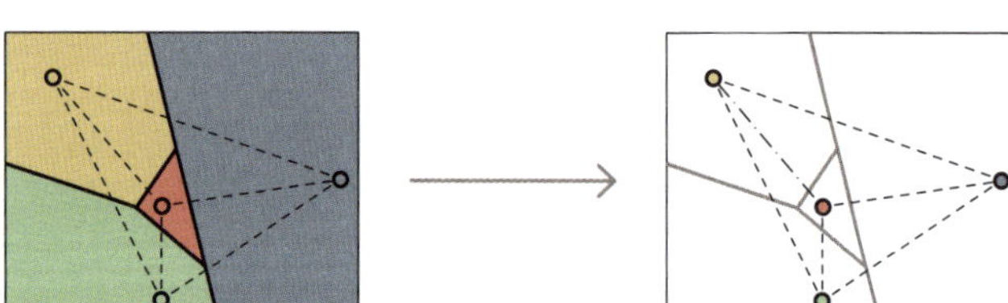

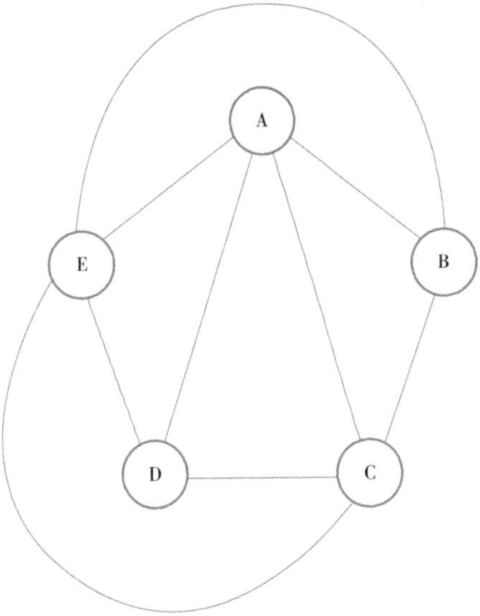

bewiesen, dass die Landkarte fünf Farben benötigt.

Wir konstruieren zur Verdeutlichung die fünf Knotenpunkte in der Form eines Fünfecks und zeichnen Linien ein. Wir können Knotenpunkt A mit zwei anderen Knotenpunkten über die Innenseite des Fünfecks verbinden und B mit zwei Knotenpunkten über die Außenseite des Fünfecks.

Aber wir können B und D weder über die Innenseite noch über die Außenseite des Fünfecks miteinander verbinden, ohne eine der Linien zu schneiden. Wenn die Linien sich schneiden, ist unser Netzwerk nicht mehr flach und damit keine direkte Entsprechung einer Landkarte. Daraus schließen wir, dass es unmöglich ist, eine flaches Netzwerk mit fünf Knotenpunkten zu konstruieren, bei dem jeder Knotenpunkt mit jedem anderen verbunden ist. Es ist also ebenso unmöglich, eine Landkarte zu entwerfen, die fünf Farben benötigt.

DIE LÖSUNG:

Wir haben gezeigt, dass fünf Flächen nicht so gezeichnet werden können, dass jede von ihnen an alle anderen Flächen grenzt. Das beweist leider nicht die Vierfarbenbehauptung. Es ist noch immer möglich, eine Landkarte mit vielen Gebieten zu kreieren, für dies notwendig ist, mehr als vier Farben zu benutzen.

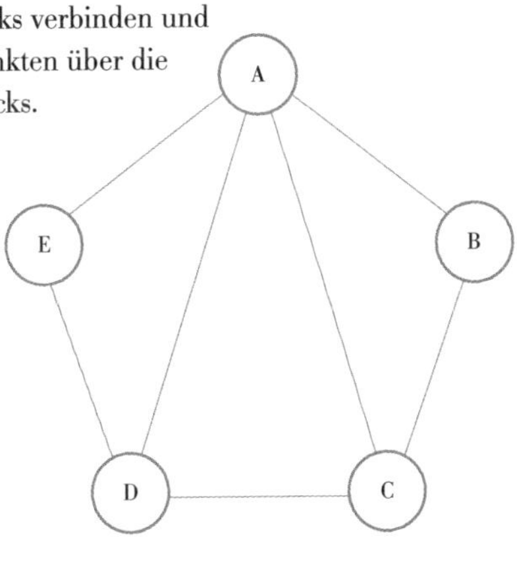

Paul Erdös

Paul Erdös war ein produktiver und exzentrischer ungarischer Mathematiker. Er veröffentlichte mehr Artikel als jeder andere Mathematiker und arbeitete mit hunderten von Wissenschaftlern zusammen. Es wurde als eine solche Ehre betrachtet, mit ihm assoziiert zu werden, dass man sogenannte „Erdös-Zahlen" einführte: Menschen, die direkt mit ihm zusammengearbeitet hatten, bekamen die Erdös-Zahl 1; Mathematiker, die mit eben diesen Menschen zusammengearbeitet hatten, bekamen die Erdös-Zahl 2 usw. 4500 Wissenschaftlern ist die Erdös-Zahl 2 zuerkannt worden und insgesamt haben ungefähr 200.000 Forscher eine Erdös-Zahl zugewiesen bekommen.

Erdös untersuchte eine große Anzahl mathematischer Ideen, wozu die Kombinatorik, die Graphentheorie und die Mengenlehre zählt. Er entwickelte die diskrete Mathematik, die der heutigen Computerwissenschaft zugrunde liegt.

Erdös' Leben

Paul Erdös wurde 1913 in Budapest geboren. Er war ein Wunderkind: im Alter von drei Jahren entdeckte er die negativen Zahlen. Weil seine zwei älteren Schwestern an Scharlach starben, wurde Erdös ganz besonders beschützt erzogen. So band er zum Beispiel seine Schnürsenkel erst ab seinem 14. Lebensjahr selbst. Er bekam Privatunterricht von seinen Eltern, die beide Mathematiklehrer waren. Sein Vater brachte sich im Zweiten Weltkrieg als Autodidakt Englisch bei. Weil er aber niemanden kannte, der Englisch sprach, eignete er sich eine etwas merkwürdige Aussprache an, die sein Sohn von ihm übernahm und zeit seines Lebens beibehielt. Als er 20 war, wurde Erdös Doktor an der Universität von Budapest. Er entdeckte einen eleganten Beweis für Tschebyschows Theorem, das besagt, dass immer mindestens eine Primzahl zwischen jeder Zahl ist, die größer ist als eins und ihrem doppelten Wert. Wegen des Antisemitismus in Ungarn ging Erdös an die Universität von Manchester in England. Er reiste während seines ganzen Lebens, kehrte aber nicht wieder nach Ungarn zurück. Ab und an arbeitete er in den USA, durfte das Land aber während der McCarthy-Zeit bis 1963 nicht betreten.

Ein reisender Mathematiker

Erdös lebte aus dem Koffer und hatte kein Eigentum. Sein Motto lautete: „Eigentum ist ein Fluch!" Er reiste um die Welt von einer Konferenz zur anderen. Meistens logierte er dann bei anderen Mathematikern und konsumierte Unmengen von Koffeintabletten. Der Mathematiker Stan Ulam sagte einmal über

Erdös: „Er hat so viele Eigenarten, dass man sie niemals alle beschreiben kann."

Erdös' Mutter begleitete ihn bis zu ihrem Tod 1971. Ab dem Moment sorgte der amerikanische Mathematiker Ron Graham für eine dauerhafte Unterkunft. Erdös stiftete all sein Geld für Stipendien, Preise oder für wohltätige Zwecke. Sein Leben lang schrieb er Preise aus für ungelöste mathematische Fragen. Erdös heiratete niemals, war nicht an Beziehungen interessiert und hatte keine Kinder. Er war der Meinung, verheiratete Menschen seien gefangen. 1996 starb er mit 83 Jahren an einem Herzinfarkt, während er eine Gleichung löste.

ERDÖS' FRAGEN

Erdös entwickelte eine große Anzahl mathematischer Fragen und arbeitete mit Hunderten von Menschen zusammen, um diese zu lösen. Viele der Fragen, die Bezug auf die Graphen- und Netzwerk-Theorie haben, konnten von intelligenten Studenten gelöst werden. Die Vermutung von Erdös-Faber-Lovász (1972) ist ein mathematisches Problem über die Farben von Graphiken, das seinen Ursprung im Vierfarbenproblem (siehe S. 136-137) hat. Die Vermutung entstand, als versucht wurde, eine Tischordnung für etliche Universitätsausschüsse zu erstellen: ist es für alle Ausschussmitglieder möglich, bei jeder Sitzung, an der sie teilnehmen, auf demselben Stuhl zu sitzen?

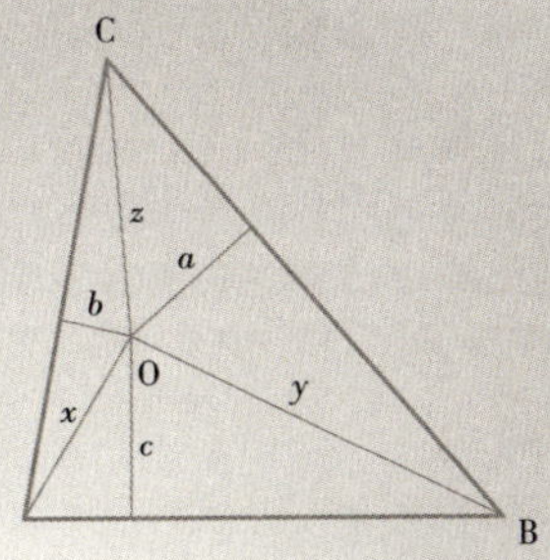

• **Erdös entwickelte folgende Behauptung: die Summe von Abständen von 0 bis zu den Seiten ist weniger als, oder gleich der Hälfte der Summe des Abstandes von 0 bis zu den Eckpunkten. Dies wurde 1937 von Louis Mordell bewiesen.**

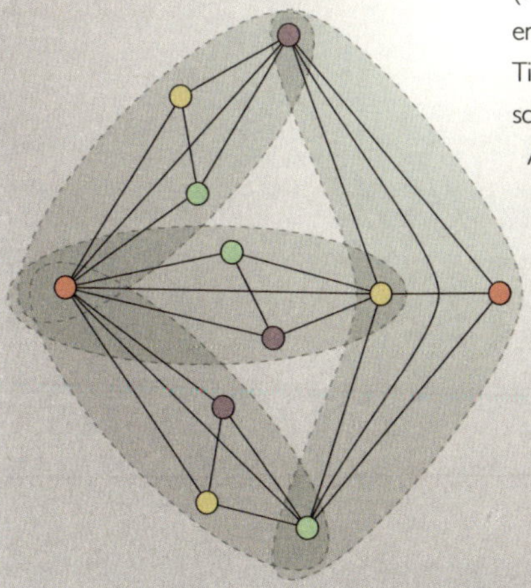

• **Eine Illustration der Vermutung von Erdös-Faber-Lovász: vier Sets mit jeweils vier Eckpunkten, wovon zwei mit einem anderen Set geteilt werden, können vierfarbig sein.**

PROJEKTIVE GEOMETRIE

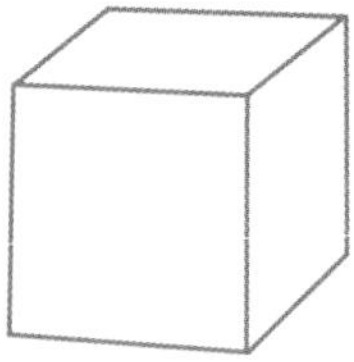

Sie denken wahrscheinlich, dass dies ein Würfel ist, aber es ist natürlich ein Sechseck. Würfel sind dreidimensional und dies ist eine zweidimensionale Darstellung. Oftmals sehen wir zweidimensionale Objekte, als ob sie dreidimensional wären. Wie dreidimensionale Formen in zwei Dimensionen wiedergegeben werden können, wurde erst Mitte des 17. Jahrhunderts untersucht.

Perspektive

Italienische Renaissancekünstler interessierten sich dafür, wie die Welt um uns herum in zweidimensionalen Gemälden wiedergegeben werden kann. Der italienische Künstler und Architekt León Battista Alberti war einer der Gründer der projektiven Geometrie. Albertis erster Kunstgriff war, dass er bei beim Malen nur ein Auge benutzte. Unsere Augen stehen etwas auseinander und das hat zur Folge, dass jedes Auge sich eine etwas andere Vorstellung der Welt macht. Das Gehirn führt diese Vorstellungen so zusammen, dass wir die Tiefe einschätzen können. Wenn wir ein Auge schließen, nehmen wir die Welt „platter" wahr. Moderne 3D-Filme kehren diesen Prozess um. Die Gläser in 3D-Brillen sorgen dafür, dass jedes Auge verschiedene Versionen einer zweidimensionalen Darstellung wahrnimmt, wodurch das Gehirn denkt, dass diese von 3D-Objekten stammen. Albertis zweiter Kunstgriff war, dass er einen Schirm zwischen sich selbst und die Objekte stellte, die er malte. Dieser Schirm war aus Glas, das mit Punkten markiert war. Dann verglich er die Punkte mit der Wirklichkeit und zeichnete anhand davon direkt auf das Glas.

Später gebrauchte er ein Gitter und machte eine Skizze auf einem Stück Papier, auf dem dieses Gitter ebenso eingezeichnet war. Diese Skizze kopierte er schließlich auf eine Leinwand.

1636 veröffentlichte der französische Mathematiker Girard Desargues einen Artikel über die geometrische Methode für die Projektion von Objekten. Dabei analysierte er Perspektivzeichnungen und stellte fest, welche Elemente der dreidimensionalen Welt in diesen Zeichnungen erhalten blieben. In einer Perspektivzeichnung bleiben Punkte, Linien und Flächen erhalten, weil sie in der Zeichnung oft als solche wiedergegeben werden. Winkel, Länge und das Verhältnis zwischen den Maßen verändern sich allerdings. Am auffälligsten ist, dass sich parallele Linien in einer Perspektivzeichnung treffen.

In einer klassischen Projektion allerdings treffen sich nicht alle parallelen Linien. Die, die vom Betrachter weglaufen, treffen sich in einem sogenannten Fluchtpunkt. Parallele Linien, die entlang des Gesichtsfeldes laufen, bleiben parallel, aber kommen dichter aneinander, sobald sie sich dem Fluchtpunkt nähern. Dies ist eine Eigenschaft, die sie in Wirklichkeit nicht haben. Wie können wir zum Beispiel ein Schachbrett in der projektiven Geometrie akkurat präsentieren? Alberti hatte hierfür eine geschickte Lösung.

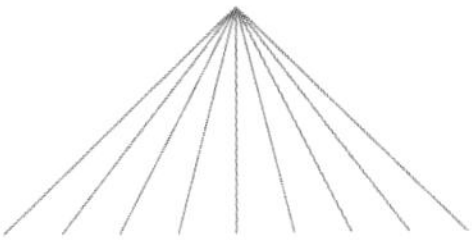

- Zeichnen Sie erst die vertikalen Linien des Schachbretts, halten Sie den Abstand zwischen den Linien unten an den Seiten gleich und lassen Sie die Linien sich in einem Fluchtpunkt treffen.

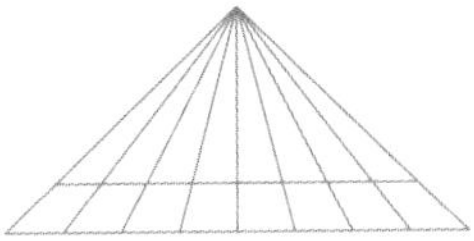

- Zeichnen Sie die ersten zwei horizontalen Linien.

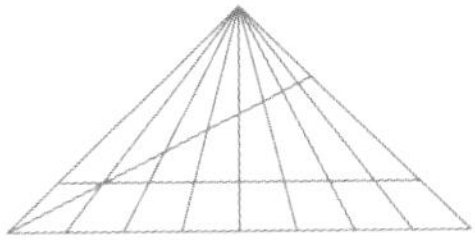

- Zeichnen Sie eine Diagonale durch das Quadrat in der linken Ecke in die Richtung des Fluchtpunktes.

- Zeichnen Sie die anderen horizontalen Linien dort, wo die Diagonale die vertikalen Linien schneidet.

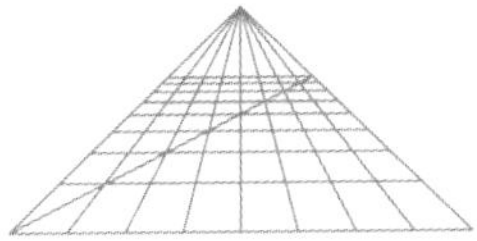

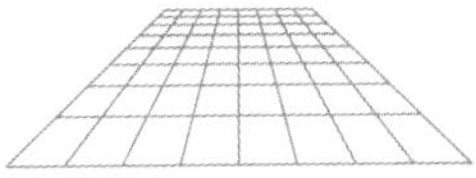

DIE BEHAUPTUNG DES PAPPOS

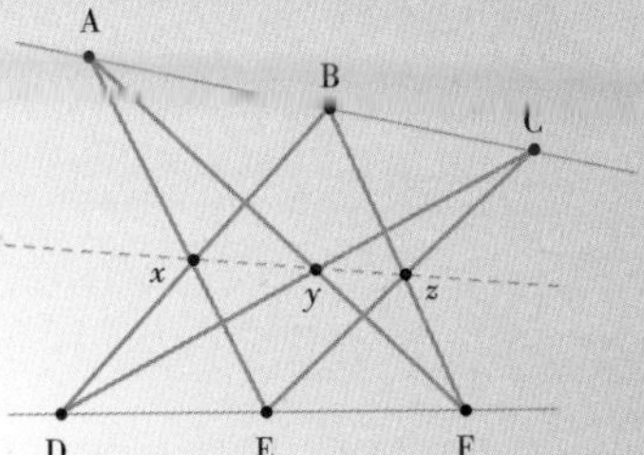

Stellen Sie sich zwei Reihen mit jeweils drei Olivenbäumen vor. Die drei Bäume in jeder Reihe stehen in einer geraden Linie, aber die zwei Reihen laufen nicht parallel. Können drei Bäume so in einer geraden Linie zwischen den zwei anderen Reihen gepflanzt werden, dass zehn Reihen von drei Bäumen entstehen? Die Frage kann mit der Behauptung des Pappos beantwortet werden. Die besagt, dass, wenn drei Punkte auf einer geraden Linie mit drei Punkten auf einer zweiten Linie verbunden werden können, die drei Punkte, die durch die sich schneidenden Linien entstehen, immer auf einer geraden Linie liegen werden. Die Frage der Olivenbäume kann gelöst werden, indem man den Baum B entlang der Linie verschiebt, so dass ByE die zehnte gerade Linie bildet. Pappus formulierte seine Behauptung um 340 n. Chr. Diese Behauptung bedeutete einen Durchbruch, weil sie keine Messungen brauchte und weil sie als erstes Beispiel der projektiven Geometrie angesehen werden kann.

MERCATOR

Stellen Sie sich einen Tennisball in einer zylinderförmigen Kunststoffhülle vor. Wir können uns vorstellen, wie imaginäre Flächen horizontal durch den Zylinder und den Ball schneiden. Wo die Fläche den Ball trifft, können wir eine Darstellung der Oberfläche des Balls auf den Zylinder projizieren. Dann wird der Zylinder vertikal aufgeschnitten und es entsteht eine flache Projektion des Balls auf der Fläche.

Eine flache Erde

Wir können auf dieselbe Art eine projizierte Karte der Erde machen, wenn wir uns unseren Planeten in einem Zylinder vorstellen. Wir projizieren jeden Punkt auf der Erde auf den korrespondierenden Punkt auf dem Zylinder. Dann schneiden wir den Zylinder entlang der Linie, die auf 180° östlicher Länge liegt, auf. So entsteht eine interessante Vorstellung der Welt in der Form eines regelmäßigen Zylinders. Diese Vorstellung gleicht nicht der Karte der Welt, die wir kennen. Die Antarktis ist eigenartig verbreitet über die untere Seite der Karte. Der eigenartigste Aspekt der Karte ist, dass die Längen- und Breitengradenlinien parallel zueinander wiedergegeben werden. Obwohl uns solche Karten der Erde fremd sind, können wir uns fragen, ob wir sie vielleicht für die Navigation gebrauchen können.

Wir haben weiter oben gesehen (siehe S. 92-93), dass der kürzeste Abstand zwischen zwei Punkten auf

• Der Elsässer Mathematiker Johann Heinrich Lambert entwickelte die Zylinderprojektion 1772.

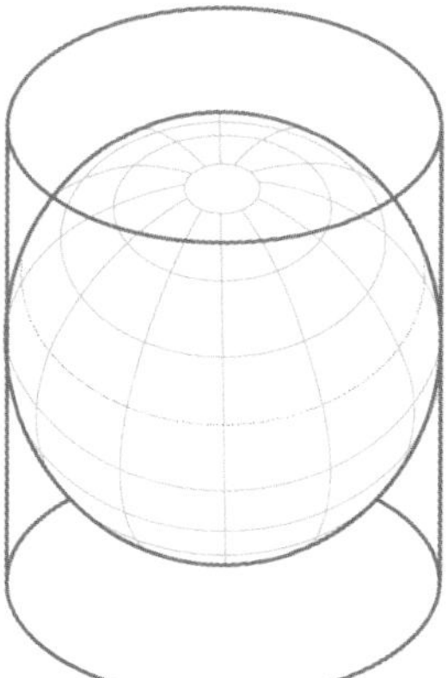

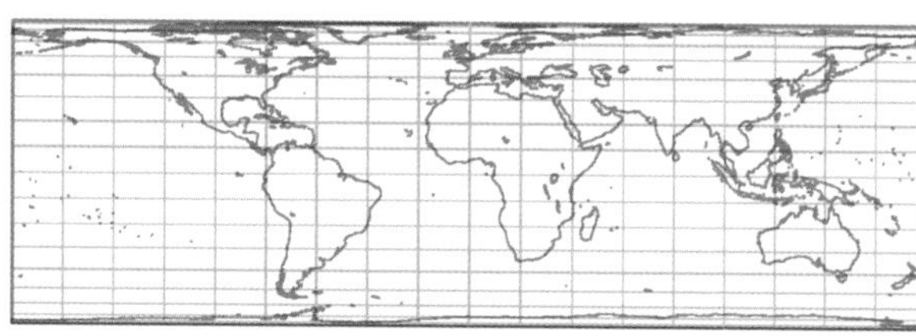

• 160° West ist der zentrale Meridian auf der Zylinderprojektion von Lambert. In der Karte werden die Ozeane besonders hervorgehoben.

einem Globus der Bogen eines Großkreises ist. Wenn wir auf unserer projizierten Karte zum Beispiel New York mit Rom verbinden, bildet die Linie keinen Großkreis und auch keine loxodromische Linie, die Seefahrer oft benutzten. Dieses Problem entsteht, weil die Winkel auf der Karte verändert sind. Wir brauchen eine Karte, bei der die ursprünglichen Winkel erhalten bleiben. Wenn wir auf einer solchen konformen Projektion zwei Punkte miteinander verbinden, entsteht zwar kein Großkreis, wohl aber eine loxodromische Linie.

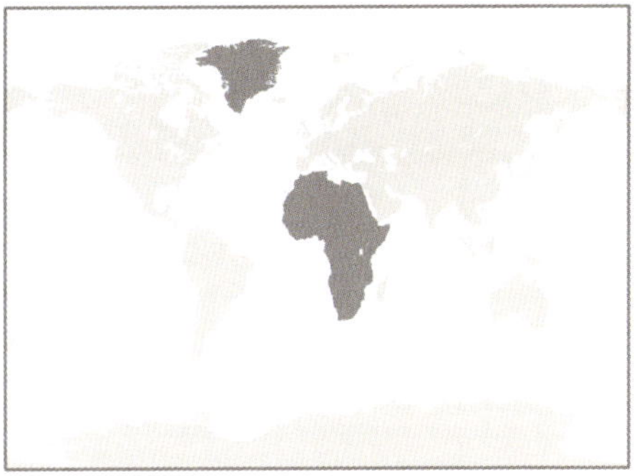

• Die Mercatorprojektion gibt ein verzerrtes Weltbild wieder: Grönland scheint dieselbe Größe zu haben wie Afrika.

Mercator-Karte

Die bekannte Mercator-Karte ist eine konforme Projektion: die geraden Linien auf der Karte sind loxodromische Linien. Obwohl diese Karte oft Mercator-Projektion genannt wird, ist sie im mathematischen Sinn des Wortes keine Projektion. Die Karte kann nicht gemacht werden, indem man sich die Erde in einem Zylinder vorstellt und jeden Punkt auf der Erde auf den korrespondierenden Punkt auf dem Zylinder projiziert. Wir kennen die Mercator-Karte so, dass wir uns vielleicht nicht klarmachen, dass auch diese Karte uns ein irgendwie verzerrtes Weltbild wiedergibt. So hat Grönland auf dieser Karte dieselbe Größe wie Afrika. Mercator führte neben seiner Karte auch das Wort Atlas ein.

Gnomonische Projektion

Bestehen Projektionen der Erde, auf denen die geraden Linien sehr wohl Großkreise sind? Ja. Bei der gnomonischen Projektion ist das der Fall, obwohl diese Karte mehr eine Kuriosität ist als dass sie wirklich einen praktischen Zweck hat.

• Die kürzeste Route zwischen zwei Orten in der Wirklichkeit korrespondiert mit dem kürzesten Abstand in der gnomonischen Projektion.

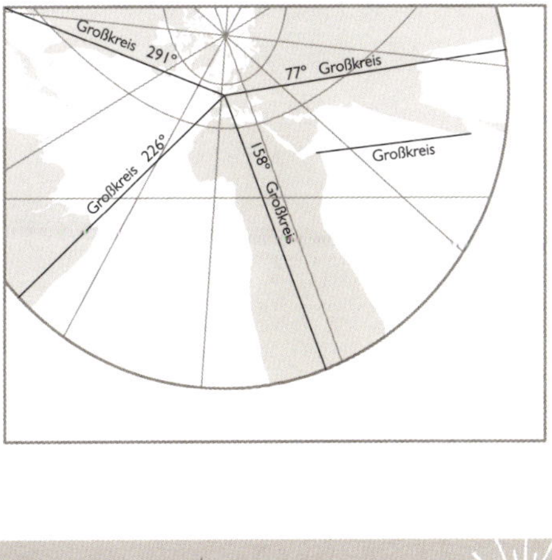

Bernhard Riemann

Riemann war ein deutscher Mathematiker, der auf die Mathematik einen großen Einfluss hatte, insbesondere die nichteuklidische Geometrie und die Primzahlen. Seine Ideen zur Differentialgeometrie wurden weiterentwickelt von den italienischen Mathematikern Beltrami, Ricci und Levi-Civita. Ihre Theorien beeinflussten Einsteins Arbeit an der Relativitätstheorie.

Das Leben Riemanns

Bernhard Riemann wurde 1826 im Königreich Hannover geboren. Er wurde von seinem Vater unterrichtet bis er zehn war und bekam dann Unterricht von einem Privatlehrer, weil er so gut in Mathematik war. Der Direktor der weiterführenden Schule, die Riemann besuchte, sah, dass der Junge von Mathematik fasziniert war. Er lieh ihm ein Studienbuch über die Zahlentheorie des Mathematikers Legendre. Sechs Tage später gab Riemann das 859-seitige Buch zurück und sagte, dass er es für ein fantastisches Buch halte und dass er jetzt auswendig kenne.

Riemanns Vater erlaubte seinem Sohn Mathematik anstelle von Theologie an der Universität von Göttingen zu studieren. Dort besuchte er die Vorlesungen von Gauß. Nach einem Jahr zog er nach Berlin, um dort unter Eisenstein, Dirichlet und anderen brillanten Mathematikern zu studieren.

Nach zwei Jahren kehrte Riemann nach Göttingen zurück, um seine Promotion unter Gauß zu beenden. Um einen Lehrauftrag zu bekommen, musste er eine Habilitationsvorlesung halten. Gauß schlug vor, dass er die Fundamente der Geometrie zum Thema nehmen solle. Aber Riemann war ein Hypochonder, oft depressiv und sehr schüchtern und so schob er die Vorlesung immer wieder auf. Letztendlich hielt er 1854 eine brillante Vorlesung, die für ein Beben in der Geometrie sorgte. Mit seiner nichteuklidischen Geometrie bereitete Riemann den Weg vor für Einsteins revolutionäre allgemeine Relativitätstheorie.

Riemann wurde 1859 Professor der Mathematik. Er untersuchte die Primzahlen und publizierte einen Artikel über das, was wir heute die Riemann-Hypothese nennen, die einen großen Einfluss auf die Mathematik dieser Zeit hatte. Riemann heiratete 1862, aber ein Jahr später starb er an Tuberkulose. Nach seinem Tod wurde ein großer Teil seiner Artikel von einer übereifrigen Haushälterin weggeworfen.

Georg Pick

Pick war ein österreichischer Mathematiker und wurde bekannt durch eine Formel für die Berechnung einer Oberfläche von Vielecken auf einem regelmäßigen Raster.

Picks Leben

Georg Pick wurde 1859 in Wien geboren. Er wurde von seinem Vater unterrichtet bis er 11 war. Pick studierte Mathematik und Physik an der Universität von Wien und publizierte seinen ersten Artikel mit 17 Jahren. Als er 21 war, promovierte er. Danach unterrichtete er an der Universität von Prag und bekam1892 eine Anstellung als Professor. Pick blieb für den Rest seines Lebens in Prag. 1910 nahm er einen Platz in einer Universitätskommission ein, die sich um die eventuelle Anstellung von Einstein kümmerte. Pick war dafür und 1911 wurde Einstein dann auch Leiter der Fachgruppe mathematische Physik. Pick und Einstein wurden gute Freunde und teilten eine Passion für Musik.

Pick ging 1927 in Pension und zog nach Wien um, aber als 1938 deutsche Truppen Österreich besetzten, kehrte er nach Prag zurück. Als die Nazis dann auch Prag besetzten, wurde Pick, der Jude war, mit 82 Jahren in das Konzentrationslager Theresienstadt geschickt, wo er zwei Wochen später starb.

„Pick war Junggeselle, aber er war immer ungewöhnlich gut gekleidet.“ ***Anonym***

Picks Werk

Picks mathematische Arbeit bestand aus mehr als 67 veröffentlichten Artikeln über verschiedene Themen wie lineare Algebra, Integralrechnung, Potenzialtheorie, Funktionalanalyse und Geometrie. Mehr als die Hälfte seiner Artikel handelt von den Funktionen komplexer Variablen, Differenzialgleichungen und -geometrie. Die Formel Picks stellt einen Zusammenhang zwischen traditioneller euklidischer Geometrie und moderner digitaler diskreter Geometrie dar.

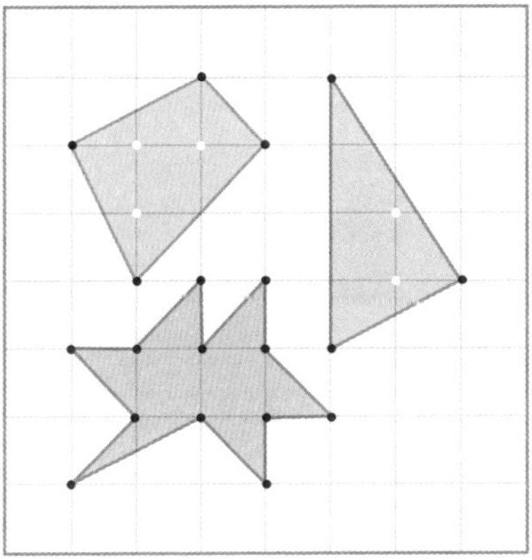

• Die Formel Picks für die Berechnung der Oberfläche eines einfachen Vielecks auf einem regelmäßigen Raster beinhaltet einfach gesagt Folgendes: (1) zähle die Punkte auf dem Umfang des Vielecks; (2) teile die Zahl durch 2; (3) ziehe 1 davon ab; (4) zähle die Punkte innerhalb des Umfangs hinzu.

Übung 25

Picks Formel

DIE AUFGABE:

Franz hat von seinem Bruder ein Stück Land geerbt. Er hat eine Karte der Umgebung und etwas Pauspapier mit einem Raster darauf. Wie kann er schnell einschätzen, wie groß die Oberfläche seines Landes ist?

DIE METHODE:

Eine naheliegend Methode ist, das Pauspapier auf die Karte zu legen, den Umfang des Landes auf das Papier zu zeichnen und die Quadrate zu zählen. Bei den Quadraten, die teilweise innerhalb des Umfangs liegen, muss geschätzt werden, ob sie mehr oder weniger als ein halbes Quadrat bilden. Diejenigen die mehr als ein halbes Quadrat bilden, zählen als ein Quadrat, die anderen zählen nicht mit. Der Mann kommt so auf eine Oberfläche von 23 Einheiten. (Der Maßstab des Rasters entspricht dem auf der Karte).

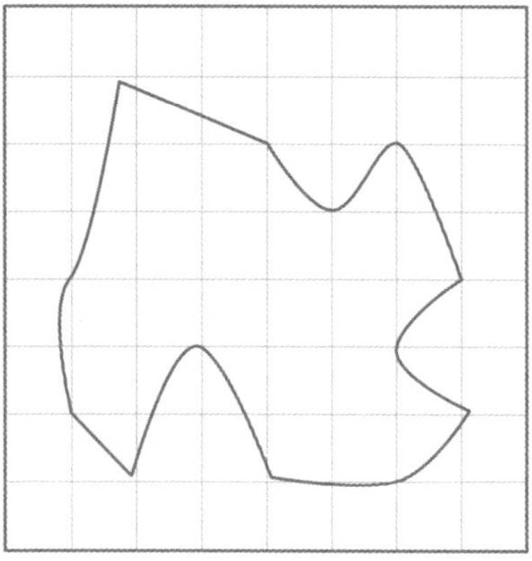

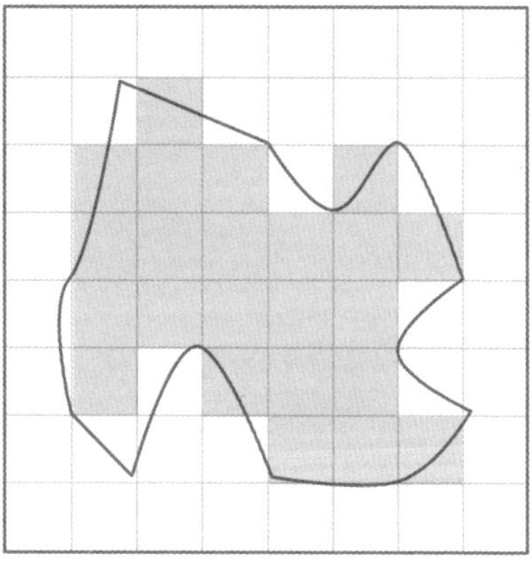

Es gibt allerdings eine schnellere Methode. Dieses Mal konzentrieren wir uns auf die Schnittpunkte auf dem Raster und nicht auf die Quadrate. Wir können den Umfang des Landes vereinfacht darstellen, indem die Punkte auf dem Raster mit geraden Linien miteinander verbunden werden. Wir zählen jetzt nicht die Quadrate, sondern die Punkte auf dem Raster. Erst zählen wir die Anzahl der Punkte, die sich auf dem Umfang des Vielecks befinden (die schwarzen Punkte). Dann zählen wir die Anzahl der Punkte, die sich innerhalb des Umfangs des Vielecks befinden (die gelben Punkte).

Die Oberfläche des Vielecks kann mit folgender Formel berechnet werden:

$$A = \frac{1}{2}R + I - 1$$

Für Franz' Land gilt:
$R = 13$, $I = 18$, also ist die Oberfläche $\frac{1}{2}13 + 18 - 1 = 23{,}5$ Einheiten

DIE LÖSUNG:

Eine einfache Art, die Oberfläche zu schätzen, ist die Schaffung eines Vielecks auf einem regelmäßigen Raster. Die Oberfläche kann wie folgt berechnet werden:

$$A = \frac{1}{2}R + I - 1$$

Dabei ist R die Anzahl der Randpunkte und I die Anzahl der inwendigen Punkte.

Pick bewies diese Formel im Jahr 1899. Sie kann für alle Vielecke auf regelmäßigen Rastern, solange sie keine Lücke haben, angewandt werden. Die Formel Picks ist ein Meilenstein in der Mathematik, weil sie die traditionelle euklidische Geometrie in Zusammenhang bringt mit der modernen diskreten Geometrie.

• = 13 Randpunkte (R)
• = 18 inwendige Punkte (I)

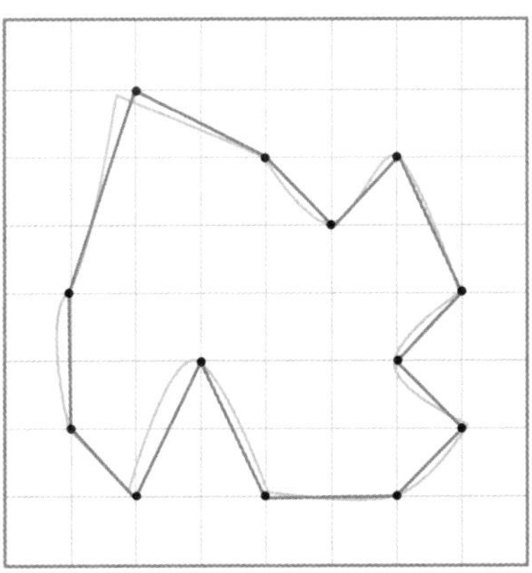

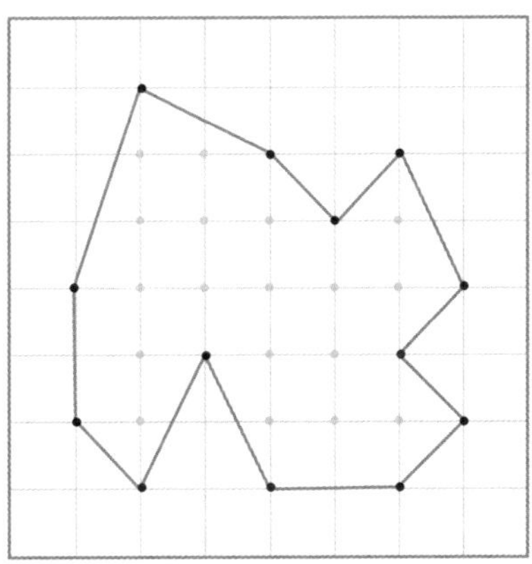

Kapitel

6

Flaschen, Donuts und Küstenlinien

In der mathematischen Welt von Quadraten, Würfel, Ellipsen usw. nimmt man an, dass solche geometrischen Objekte glatte Ränder haben. Aber die Welt, in der wir leben, ist viel holpriger und zerknitterter als diese idealisierten mathematischen Objekte. Mathematiker beginnen sich immer mehr zu fragen, ob die klassische Geometrie einen Bezug hat auf die Welt um uns herum. Es wurden auch neue Geometrien entwickelt, die die Unregelmäßigkeiten der Welt besser berücksichtigen.

NUR EINE SEITE

Mathematiker sind nicht bekannt für ihre tollen Witze, aber ich erzähle Ihnen dann doch einen: wie viel verschiedene Sorten von Mathematikern gibt es? Drei: die, die zählen können und die, die das nicht können. Die Antwort auf die folgende Frage wird allerdings nicht als Witz betrachtet: wie viele Seiten hat ein Bogen Papier? Die Antwort ist natürlich: zwei. Aber August Möbius, bekannt wegen des nach ihm benannten Bandes, zog das in Zweifel.

Die Eigenschaften des Möbiusband kann man am besten verstehen, indem man mit einem Stück Papier spielt. Also nehmen Sie ein Blatt Papier, schneiden Sie es der Länge nach in fünf oder sechs Streifen von der Breite eines Daumens.

Leim für die Bildung eines zylindrischen Bandes hält die Enden des Papierstreifens zusammen. Halten Sie das Band so fest, dass Sie eine Linie entlang der Mitte des Papiers ziehen können, bis sie den Anfangspunkt erreichen. (Legen Sie am besten das Papier auf eine flache Oberfläche, setzen Sie einen Bleistift auf das Papier und bewegen Sie das Papier anstelle des Bleistiftes.) Studieren Sie das zylindrische Band und Sie werden sehen, dass sich die Linie an der einen Seite des Papiers befindet und dass die andere Seite weiß ist. Dass wird keine Überraschung für Sie sein. Für ein Möbiusband brauchen Sie ebenfalls ein Streifen Papier. Bevor Sie die Enden aneinander kleben, drehen Sie eins der beiden Enden um 180°.

Zeichnen Sie eine Linie in der Mitte des Papiers, wie Sie es eben getan haben, bis sie den Anfangspunkt erreichen. Studieren Sie das Möbiusband genau und Sie werden sehen, dass Sie die Linie sowohl an der Innen- als auch an der Außenseite des Bandes gezeichnet haben. Sie haben das Papier gedreht, bevor Sie die Enden aneinander befestigten, also wussten Sie das natürlich. Aber bevor Möbius diese Idee untersuchte, wurden die Eigenschaften von Formen mit nur einer Seite kaum untersucht. Dieses Thema bildet heute allerdings einen wichtigen Teil der Geometrie und wird Topologie genannt.

Klein-Flasche

Das einseitige Möbiusband kann tatsächlich in der realen Welt bestehen.

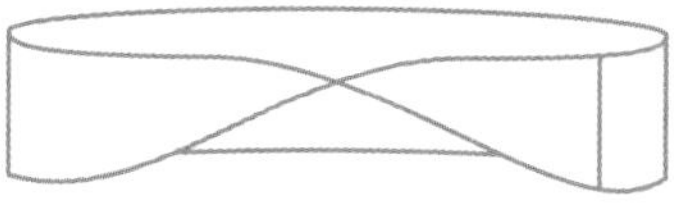

1882 entwickelte der Deutsche Mathematiker Felix Klein eine Flasche, deren Hals sich in die Flasche selbst zurückbiegt. Eine Klein-Flasche kann streng betrachtet nur in einer vierdimensionalen Welt wirklich bestehen. Genau wie wir die eine Seite eines Möbiusbandes nicht von der anderen Seite unterscheiden können, kennt die Klein-Flasche keinen Unterschied zwischen der Innen- und der Außenseite. Die Außenseite einer Limonadenflasche kann gefärbt werden, ohne dass die Innenseite gefärbt wird. Wenn Sie eine Klein-Flasche zu färben versuchen, färben Sie die gesamte Oberfläche.

Spielen mit Möbius

Das Möbiusband hat noch mehr seltsame Eigenschaften, die eine Untersuchung wert sind. Angenommen, Sie befolgen nachfolgende Instruktionen für ein einfaches zylindrisches Band. Sie werden intuitiv wissen, was das Ergebnis ist. Aber das Möbiusband ist etwas anderes. Schneiden Sie das Möbiusband entlang der Linie, die sie gezeichnet haben, durch. Wenn Sie einen Zylinder in der Mitte durchschneiden, entstehen zwei verschiedene Bänder, aber gilt das auch für ein Möbiusband? Schneiden Sie das Möbius Band auf dieselbe Weise, aber fangen Sie mit dem Schneiden bei dem Punkt an, der sich ein Drittel der Länge vom Rand entfernt befindet. Wenn Sie das bei einem Zylinder machen, werden auch jetzt zwei Bänder entstehen, von denen das eine breiter ist als das andere.

MÖBIUS

August Möbius war ein deutscher Mathematiker und theoretischer Astronom. Er ist bekannt für die Entdeckung des Möbiusbandes, die er im Alter von 75 Jahren veröffentlichte. Er lieferte auch mehrere wichtige Beiträge für die Astronomie.

Möbius wurde 1790 in Sachsen geboren. Seine Mutter war eine Nachfahrin Martin Luthers. Möbius wurde zu Hause unterrichtet, bis er 13 war. Er war schon früh an Mathematik interessiert und studierte Mathematik, Physik und Astronomie an der Universität von Leipzig. 1813 reiste er nach Göttingen, um unter Gauß Astronomie zu studieren.

1816 wurde Möbius im Alter von 26 Jahren als Professor der Astronomie und Mechanik an der Universität von Leipzig angestellt. Er war aber kein guter Dozent und bekam keine weitere Förderung. Er war allerdings ein guter Forscher und 1844 erhielt er endlich einen Lehrstuhl an derselben Universität. 1848 wurde er Direktor des Observatoriums in Leipzig. Möbius heiratete und hatte drei Kinder. Er starb 1868 im Alter von 78 Jahren.

Übung 26

Ringe verbinden

DIE AUFGABE:

Katharina hat von ihrer Oma einen griechischen Trauring geerbt. Dieser besteht aus drei goldenen Ringen, die miteinander verbunden sind. Sie fragt sich, ob möglicherweise die drei Ringe so miteinander verbunden sind, dass, wenn ein Ring durchgeschnitten wird, die anderen zwei auch nicht mehr miteinander verbunden sind. Wie viele verschiedene Arten gibt es, die drei Ringe miteinander zu verbinden?

DIE METHODE:

Die Abbildung zeigt nicht, wie die Ringe sich überschneiden, aber der Ring, der aus drei miteinander verbundenen Ringen besteht, sieht ungefähr so aus:

Wir können sehen, dass da, wo die Kreise sich schneiden, sechs Knotenpunkte sind. In jedem dieser sechs Knotenpunkte muss ein Kreis einen anderen Kreis oben oder unten vorbeilassen. Weil es zwei Möglichkeiten gibt für jeden Knotenpunkt, gibt es $2^6 = 64$ mögliche Entwürfe. Nicht alle diese Entwürfe sind allerdings unterschiedlich. Zwei Entwürfe sind gleich, wenn durch eine kleine Veränderung der eine in den anderen verwandelt werden kann. Es gibt drei verschiedene Arten, wie ein Entwurf in einen anderen Entwurf verwandelt werden kann: ein Entwurf kann um 120° gedreht werden, er kann gespiegelt werden und er kann umgedreht werden. Wenn wir die Duplikate nicht mitzählen, können wir die 64 Entwürfe reduzieren auf lediglich 10 verschiedene geometrische Muster.

Die Ringe werden nicht in allen zehn übriggebliebenen Entwürfen miteinander verbunden sein. So liegen bei einem dieser Entwürfe die Ringe einfach aufeinander. Wenn sie aufgenommen werden, wird deutlich, dass sie nicht miteinander verbunden sind.

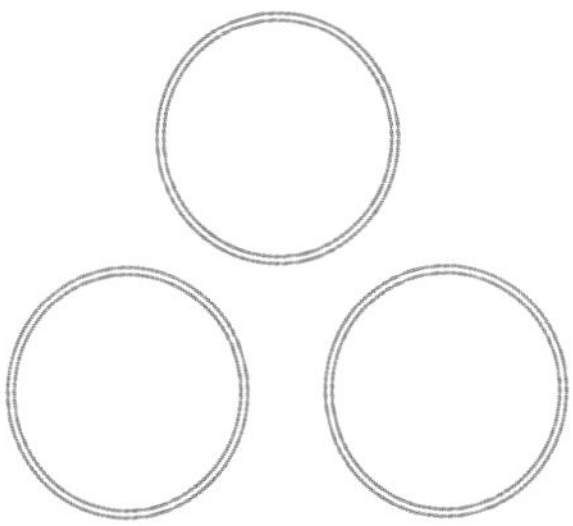

Bei drei der zehn Entwürfe sind nur zwei Ringe miteinander verbunden. Hier unten ist ein solcher Entwurf abgebildet.

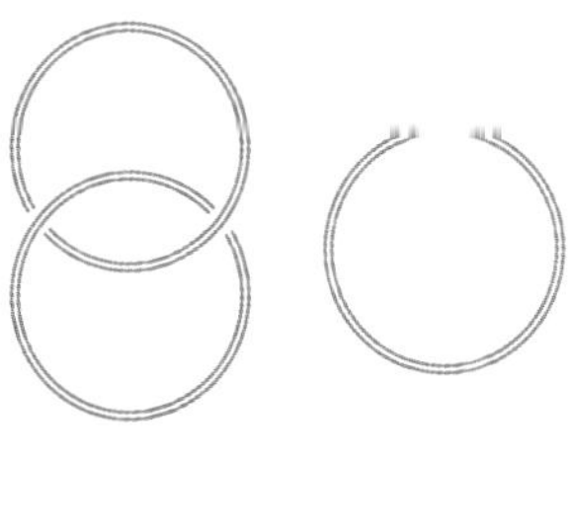

Drei der Entwürfe resultieren in einer Kette von Ringen.

Bei den übrigen drei Entwürfen sind alle drei Ringe mit den zwei anderen verbunden.

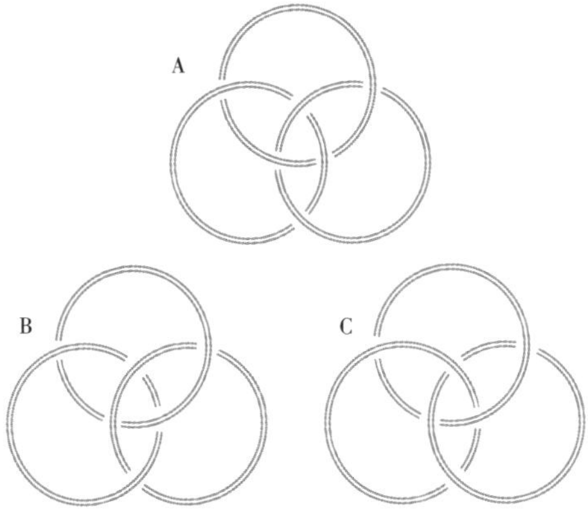

Nur bei einem dieser Entwürfe kann ein Ring gebrochen werden, so dass alle drei nicht mehr miteinander verbunden sind.

DIE LÖSUNG:

Es ist möglich, die drei Ringe so miteinander zu verbinden, dass, wenn einer gebrochen wird, die Ringe auseinander fallen. Dieser besondere Entwurf wird Borromäische Ringe genannt, nach der italienischen Renaissancefamilie, die diesen Entwurf als Familienwappen wählte. Der Borromeo-Palast auf der Isola Bella, gelegen im Lago Maggiore, Italien, ist unter anderem mit diesem Entwurf verziert.

TOPOLOGIE

Für uns einfache Menschen sind eine Teetasse und ein Donut so unterschiedlich wie Tag und Nacht. Aber für Mathematiker, die sich für Topologie interessieren, einen Teil der Geometrie, sind diese beiden Dinge mathematisch äquivalent.

Gummigeometrie

Topologie wird auch Gummigeometrie genannt, weil sie die Eigenschaften von Oberflächen untersucht. Die Topologie beschäftigt sich insbesondere mit den Eigenschaften von Formen, die sich nicht verändern, auch wenn die Formen selbst verändert werden. Bei diesen Transformationen werden die Formen ausgedehnt und eingeschoben.

Stellen Sie sich einen nur mäßig aufgepumpten Ballon vor. Dieser kann so modelliert werden, dass er einem Fußball ähnelt. Wenn eine Faust hineingedrückt wird, ähnelt die Form der einer Schale. Wahrscheinlich hält es niemand für eine gute Idee, Fußball mit Großmutters Kristallschale zu spielen, aber Bälle und Schalen sind topologisch äquivalent. Sogar die fünf platonischen Körper (siehe S. 76-77) sind nach der Topologie homöomorph mit einem Ball: ein hohler Gummiwürfel kann als Ball, Tetraeder oder als Flaggenmast modelliert werden. In all diesen Fällen wird nur die Oberfläche eines Objektes verformt. Der Ballon kann allerdings nicht, ohne dass die Oberfläche durchstochen wird, zu etwas modelliert werden, das einem Donut ähnelt. Ein Donut ist topologisch nicht äquivalent mit einem Ball, weil er ein Loch hat. Eine Teetasse allerdings ist homöomorph mit einem Donut. Ein Donut aus Gummi kann theoretisch als Teetasse modelliert werden.

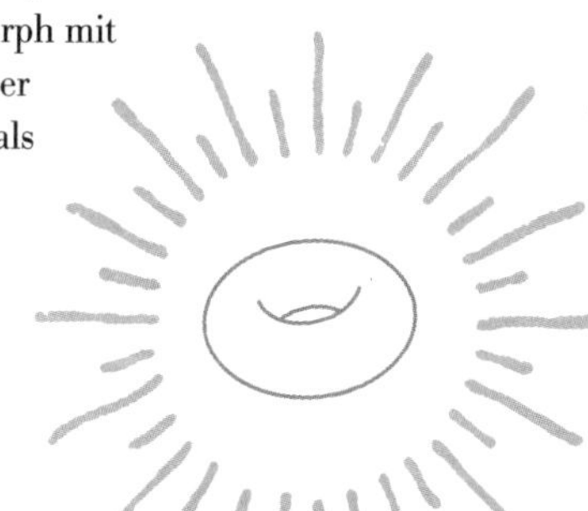

Torus

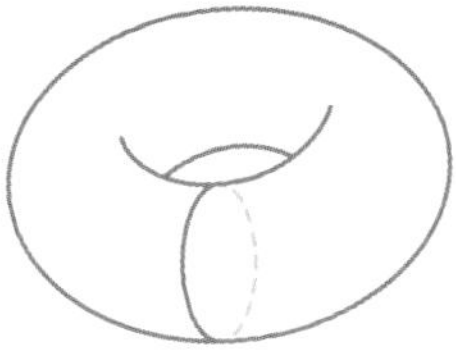

Die mathematische Bezeichnung für Objekte mit einer Donutform ist Torus. Zwei Oberflächen werden als derselbe topologische Typ betrachtet, wenn die eine kontinuierlich in die andere transformiert werden kann. Kontinuierlich ist hier das Schlüsselwort. Ein Torus kann ohne Unterbrechung in eine Teetasse umgewandelt werden. Ein Ball kann allerdings nicht unverletzt in einen Torus transformiert werden. Die Oberfläche des Balls muss nämlich erst durchbohrt werden. Eine Kugel hat keine Löcher, ein Torus hat ein Loch und wir können einen Torus mit zwei oder mehr Löchern kreieren. Jede Oberfläche, die endlich ist und zwei Seiten hat (also kein Möbius Band ist), scheint topologisch äquivalent zu sein mit einer Kugel oder einem Torus mit einer endlichen Anzahl Löcher.

Wir können diese Behauptung begreifen, indem wir uns eine geschlossene Schlinge auf der Oberfläche eines Objekts vorstellen. Jede Schlinge, die rund um eine Kugel läuft, kann ohne zerschnitten zu werden zu einem Punkt reduziert werden.

Eine Schlinge auf einem Torus, die durch das Loch läuft, hat diese Eigenschaft nicht: Entweder die Schlinge oder der Torus müssten dafür zertrennt werden. Die Kugel ist die einzige Oberfläche, die diese Eigenschaft hat.

Die Vermutung Poincarés

1904 dachte der französische Mathematiker Henri Poincaré über die Frage nach, ob die Eigenschaft, dass eine Schlinge auf einen Punkt reduziert werden kann, auch gilt für ein besonderes mathematisches Objekt, nämlich die 3-Sphäre. (Eine 3-Sphäre ist nicht eine einfache dreidimensionale Kugel, sondern sie existiert in einem vierdimensionalen Raum und kann betrachtet werden als eine dreidimensionale Kugel, deren gesamte Oberfläche ein einziger Punkt ist!) Poincaré dachte, dass es hier um eine einfache Generalisierung ging. Es schien allerdings ein unlösbares Rätsel zu sein. Die Vermutung Poincarés wurde so bekannt, dass ein Geldbetrag in Höhe von einer Million Dollar ausgesetzt wurde für denjenigen, der den Beweis liefern konnte. Grigori Perelman (siehe S. 160) veröffentlichte im Internet 2002/2003 einen Beweis, hat aber den Preis bis jetzt nicht eingefordert.

• Eine Schlinge rund um eine Kugel kann auf einen Punkt reduziert werden.

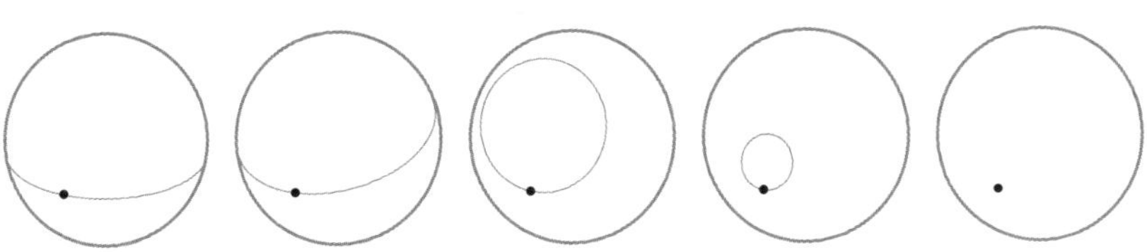

Jules Henri Poincaré

Poincaré kann als einer der größten Genies aller Zeiten angesehen werden. Er lieferte einen wichtigen Beitrag zur theoretischen und angewandten Mathematik, Himmelsmechanik, Strömungslehre, Optik, Telegrafie, Kapillarität, Thermodynamik, Potenzialtheorie, Relativitätstheorie und physikalischen Kosmologie. Er forschte auf dem Gebiet der Topologie und stellte die Behauptung auf, die wir jetzt die Poincaré-Vermutung nennen.

Das Leben Poincarés

Jules Henri Poincaré wurde 1854 in Nancy, Frankreich, geboren. Sein Vater war Professor der Medizin an der Universität von Nancy und sein Neffe war Präsident von Frankreich. Poincaré litt als Kind an Diphtherie und wurde zunächst zuhause unterrichtet, bevor er dann die Schule besuchte, die heute Lyceé Henri Poincaré heißt. Poincaré glänzte in allen Fächern. Er studierte Bergbautechnik, Physik und Mathematik in Paris. Nachdem er seinen Doktortitel erlangt hatte, bekam er eine Anstellung an der Universität von Caen. 1886 wurde er zum Professor der mathematischen Physik und Statistik an der Sorbonne, Paris, benannt. Im Jahr danach wurde er zugelassen an der Akademie des Sciences und 1909 an der berühmten Académie Francaise. Bis zu seinem Tod 1912 gab er Unterricht an der Sorbonne. Poincaré war verheiratet und hatte vier Kinder.

Der Denkprozess eines Genies

Poincaré beschrieb seinen Denkprozess in Gesprächen mit seinem Kollegen Toulouse, der sie in ein Buch über Poincaré aufnahm. Poincaré hatte ein erstaunlich gutes Gedächtnis und erinnerte sich an die Zeile und die Seite von bestimmten Texten, die er gelesen hatte. Auch behielt er, was er hörte, Wort für Wort. Poincaré arbeitete jeden Tag viele Stunden an seinen mathematischen Untersuchungen. Für seine Untersuchungen begann er immer mit den Basisprinzipien und stützte sich nicht auf frühere Ergebnisse anderer Mathematiker. Wenn er seine Arbeit beendete, erwartete er, dass sein Unterbewusstsein die Arbeit übernahm wie „eine

EIN PIONIER

Poincaré arbeitete an dem, was das Dreikörperproblem genannt wird, das die Bewegungen von drei Himmelskörpern in Bezug zueinander zum Gegenstand hat. Während er an diesem Problem arbeitete, entwickelte er die Chaostheorie. 1887 lobte Oscar II, König von Schweden, einen Preis aus für denjenigen, der das Dreikörperproblem lösen würde und dieser wurde letztendlich Poincaré zuerkannt. Er initiierte ein französisches nationales Projekt für die Dezimalisierung des Messens von Zeit und Länge, aber andere Länder waren nicht begeistert. Er spielte aber ein große Rolle bei der Synchronisation von Uhren weltweit und bei der Einrichtung von internationalen Zeitzonen. Einsteins erste Artikel über die Relativitätstheorie wurden 1905 veröffentlicht, drei Monate nachdem Poincaré einen Artikel über dasselbe Thema publiziert hatte. Einstein sagte später, dass Poincaré ein Pionier auf dem Gebiet der Relativitätstheorie gewesen sei.

Poincaré war auch interessiert an Topologie, insbesondere der der Kugel. Die Poincaré-Vermutung ist eine Behauptung über die Eigenschaften der dreidimensionalen Kugel (siehe S. 157).

Poincaré veröffentlichte Bücher und Artikel mit dem Ziel, Mathematik und Wissenschaft einem größeren Publikum zugänglich zu machen.

Biene, die von Blume zu Blume fliegt." Er löste Probleme immer erst in seinem Kopf, bevor er sie aufschrieb. Abends las er Artikel in den Fachblättern und arbeitete nicht an neuen Ideen, so dass er ruhig schlafen konnte. Er schrieb, dass ein Mathematiker „in seiner Arbeit dasselbe erfuhr, wie ein Künstler". Poincaré war der Meinung, dass logische Begründungen notwendig seien, um Mathematik zu begreifen, aber das Intuition unverzichtbar war für die Entwicklung neuer Ideen. Bei seinem Begräbnis wurde er beschrieben als „ein Dichter der Unendlichkeit, ein Barde der Wissenschaft".

„Was ist es, dass uns eine Lösung oder Beweisführung elegant finden lässt? Es ist die Harmonie von verschiedenen Teilen, ihre Symmetrie, ihr glückliches Gleichgewicht; es ist das, was für Ordnung und eine Einheit sorgt, das, wodurch wir das Ganze und die Details deutlich einsehen und begreifen." ***Henri Poincaré***

Übung 27

Schlingen

DIE AUFGABE:

Eine Wahrsagerin macht einen Trick mit einem Gürtel. Sie rollt den Gürtel in eine Spiralform, wie hier links abgebildet.

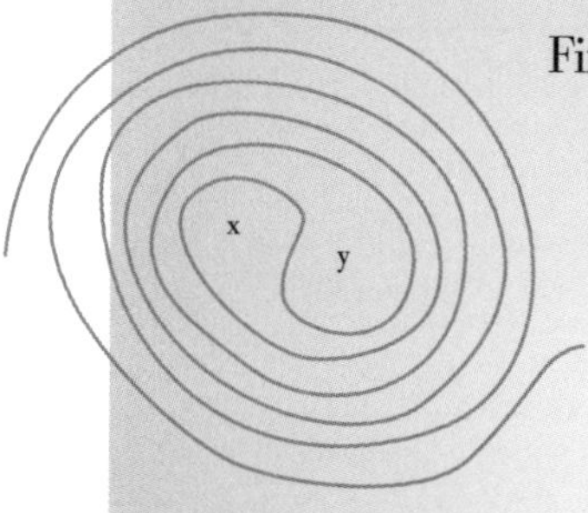

Die Wahrsagerin bittet einen Jungen, seinen Finger auf *x* oder *y* zu legen. Sie nimmt die Enden des Gürtels und zieht so, dass der Finger des Jungen in der Schlinge festsitzt. Die Wahrsagerin wiederholt diesen Trick mehrere Male und sagt jedes Mal voraus, noch bevor der Junge seinen Finger auf *x* oder *y* legt, ob der Finger des Jungen in der Schlinge festsitzen wird oder nicht. Jedes Mal gibt sie die richtige Antwort. Verfügt sie über magische Kräfte, hat sie ganz einfach Glück oder ist es ein Trick?

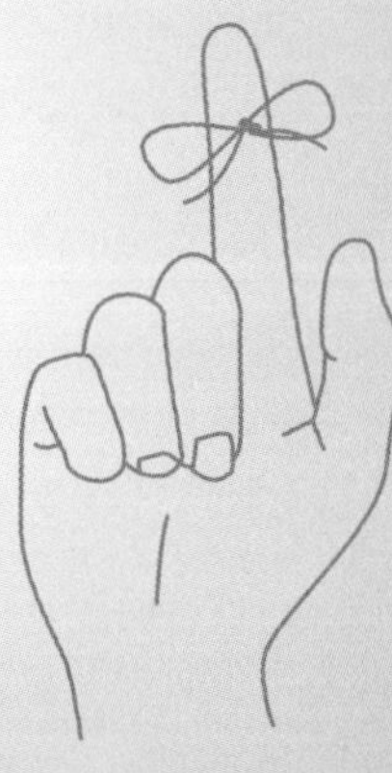

DIE METHODE:

Es geht hier um einen Trick, der auf Topologie beruht. Der Trick kann mit einem dicken Tau oder einem langen Gürtel ausgeführt werden. Falten Sie das Tau in der Mitte und wickeln Sie es dann zu einer Spirale, wobei zwei identische Schlingen in der Mitte entstehen. Die eine Schlinge ist entstanden, weil das Tau doppelt gefaltet wird und die andere durch die erste Spirale. Sorgen Sie dafür, dass die Schlingen scheinbar identisch sind. Zu entscheiden, welche der Schlingen sich um den Finger wickeln wird und welche nicht, ist eine wirkliche Herausforderung.

Obwohl nur eine der Schlingen das Original ist und die andere nur dadurch entstanden ist, dass wir das Tau gefaltet haben, spielt es keine Rolle, in welche Schlinge der Finger gelegt wird. Die Wahrsagerin hat die Kontrolle über die Frage, ob sich die Schlinge um den Finger wickelt oder nicht.

Sie nimmt zuerst das Ende X auf und dreht das Tau im Uhrzeigersinn aus der Spirale, bis sie beim Ende Y ankommt. Sie entfaltet die zwei Enden im Uhrzeigersinn, bis sie ganz rechts angekommen ist. Hierdurch entsteht eine Schlinge, in der der Finger festsitzt. Aber wenn die Wahrsagerin erst das Ende Y aufnimmt und dies im Uhrzeigersinn zu X bewegt und das Ende X aufnimmt, wird die Schlinge von innen nach außen gekehrt. Jetzt ist es die andere Schlinge, in der der Finger festsitzt.

DIE LÖSUNG:

Der Junge war das Opfer eines alten Tricks. Möglicherweise spielt Shakespeare mit einer Betrugsszene in *Antonius und Kleopatra* auf dieses Phänomen an. Aber der Trick ist älter als das Theaterstück. Eine Variante dieses Tricks, bei der von einer geschlossenen Schlinge Gebrauch gemacht wird, wurde oft in Häfen gespielt, um Seefahrer um ihren Lohn zu bringen.

• Ob Sie sich für *x* oder *y* entscheiden, Sie verlieren doch!

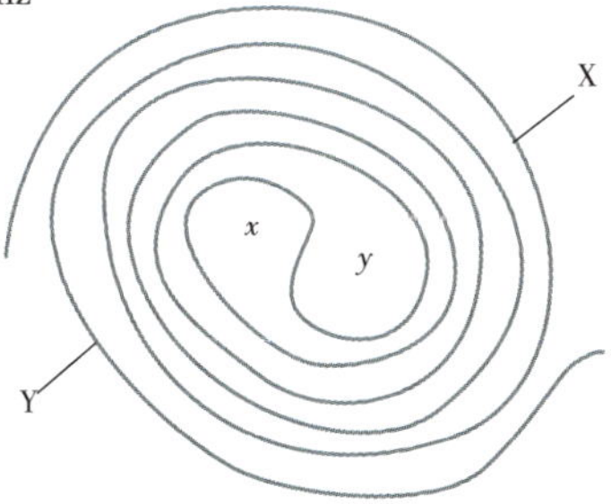

Grigori Perelman

Grigori Perelman, auch Grisha Perelman genannt, ist ein russischer Mathematiker, der 1966 geboren wurde und einen wichtigen Beitrag zur Riemann'sche Geometrie lieferte und der Poincaré-Vermutung (siehe S. 157) bewies. Dies war eine der wichtigsten und schwierigsten Fragen überhaupt.

Das Leben Perelmans

Perelman wurde in Leningrad geboren. Sein Vater war Elektrotechniker. Er stimulierte seinen Sohn, komplizierte Probleme zu lösen und brachte ihm das Schachspiel bei. Seine Mutter war Mathematiklehrerin. Als Perelman 14 war, wurde er für das mathematische Zentrum für talentierte Studenten in Leningrad zugelassen. 1982 gewann er die Goldmedaille bei der Internationalen Mathematik-Olympiade mit einem perfekten Ergebnis. Er promovierte an der Reichsuniversität von Leningrad mit einer Dissertation über euklidische Geometrie. Danach bekam er eine Stellung an dem Steklov-Institut für Mathematik in Leningrad.

1992, nach dem Zusammenbruch der Sowjetunion, wurde Perelman, eingeladen, ein Jahr lang an der State-University in New York zu unterrichten. Er genoss die Freiheit in den USA sehr. Er ließ Nägel und Haare wachsen, sodass ein Kollege über ihn sagte, dass er Rasputin ähnele. An der Universität von Kalifornien in Berkeley arbeitete Perelman dann an seinem Beweis für die Vermutung von Poincaré. Danach kehrte er nach Sankt Petersburg zurück und führte ein immer zurückgezogeneres Leben. Man nimmt an, dass er sich seit 2006 nicht mehr mit Mathematik beschäftigt.

Der Beweis für die Poincaré-Vermutung

2002 stellte Perelman einen Artikel auf der Seite arXiv.org ins Internet. Es sind noch zwei weitere Artikel auf dieser Website, die zusammen mit dem ersten den Beweis für die Poincaré-Vermutung liefern. Perelman präsentierte seinen Beweis nicht in der Form eines formellen Artikels. 2006 erkannte die International Mathematical Union ihm die berühmte Fieldsmedaille für seinen Beweis für die Poincaré-Vermutung zu. Perelman verweigerte die Medaille. Er sagte: „Dies ist irrelevant für mich. Jeder weiß, dass mein Beweis valide ist und weitere Anerkennung habe ich nicht nötig."

• Ein Foto von Grigori Perelman, kurz bevor er seine Stellung am Steklov-Institut aufgab.

Luitzen Brouwer

Luitzen Egbertus Jan Brouwer (1881 - 1966) wurde von seinen Freunden Bertus genannt und ist in der mathematischen Welt bekannt als L.E.J. Brouwer. Er war ein niederländischer Mathematiker und Philosoph, der sich auf Topologie, Mengenlehre, Maßtheorie und komplexe Analyse spezialisiert hatte. In seinem frühen Werk konzentrierte er sich auf die Topologie des euklidischen Raums.

Brouwer glänzte auf dem Gymnasium und absolvierte sein Examen, als er 14 war. An der Universität erbrachte er zwar gute Ergebnisse, aber er besuchte nur wenige Vorlesungen. In seiner Dissertation entwickelte er Ideen von Poincaré und Russell über das Wesen der Mathematik weiter. Brouwer erfand den Term Intuitionismus, womit er auf die Tatsache verwies, dass die Intuition von Mathematikern das Fundament der Mathematik sei. Hiermit behauptete er, dass die Ausübung der Mathematik eigentlich eine subjektive Aktivität sei. Nach der klassischen Annäherung der Mathematik ist eine Behauptung entweder richtig oder falsch. Nach dem Intuitionismus sind einige Behauptungen allerdings nicht zu beweisen. Mathematik ist nach dieser Theorie nicht ein komplettes logisches System, das nur entdeckt und bewiesen zu werden braucht. Es ist eher eine Konstruktion des menschlichen Geistes. Zu Brouwers Zeit wurden diese Ideen kontrovers diskutiert.

Brouwer lehrte an der Universität von Amsterdam und wurde letztendlich Leiter der Fachgruppe Mathematik. Er war nur einen Tag pro Woche an der Universität und dozierte nur über Intuitionismus. Er war Mitglied der Königlich Niederländischen Akademie der Wissenschaften, der Royal Society in London, der Akademie der Wissenschaften in Berlin und der Akademie der Wissenschaften in Göttingen.

Behauptung über die behaarte Kugel

Die Behauptung über die behaarte Kugel besagt, dass, wenn eine Kugel völlig mit Haar bedeckt ist, es unmöglich ist, alle Haare durch bürsten zu glätten. Mindestens ein Haar wird aufrecht stehen bleiben. Brouwer bewies diese Behauptung 1912 so: ein Tangentenvektorfeld an einer Kugel in einem dreidimensionalen Raum wird mindestens einen Nullpunkt haben.

Eine Donutform kennt dieses Problem nicht. Wenn ein Torus gleichmäßig mit Haaren bedeckt wird, können diese so flach gebürstet werden, dass kein einziges Haar aufrecht stehen bleibt.

Die Behauptung über den behaarten Ball kann angewendet werden auf Windmuster rund um die Erde. Angenommen, dass immer irgendwo rund um die Erde Wind weht, dann wird es immer irgendwo einen Zyklon geben. Die Behauptung kann auch auf Computergrafiken angewandt werden.

„Mathematik ist nicht mehr oder weniger als der exakte Teil unseres Denkens."

Luitzen Brouwer

FRAKTALE

Mathematiker sprechen oft über die Schönheit der Mathematik, die Eleganz eines mathematischen Beweises und die Art, wie scheinbar ungleiche Zweige der Mathematik nach einer neuen Erkenntnis zusammenkommen. Heute ist diese Schönheit auch für ein breiteres Publikum durch computergenerierte Fraktale sichtbar.

Koch-Kurve

Zeichnen Sie ein gleichseitiges Dreieck. Teilen Sie jede Seite in drei Teile und konstruieren Sie ein kleines gleichseitiges Dreieck in dem mittleren Drittel jeder Seite. So wird ein Stern mit sechs Spitzen und zwölf Seiten geschaffen. Wiederholen Sie diesen Prozess und konstruieren ein Dreieck auf allen zwölf Seiten. Wiederholen Sie dies solange, bis die Form eines Schneekristalls entstanden ist.

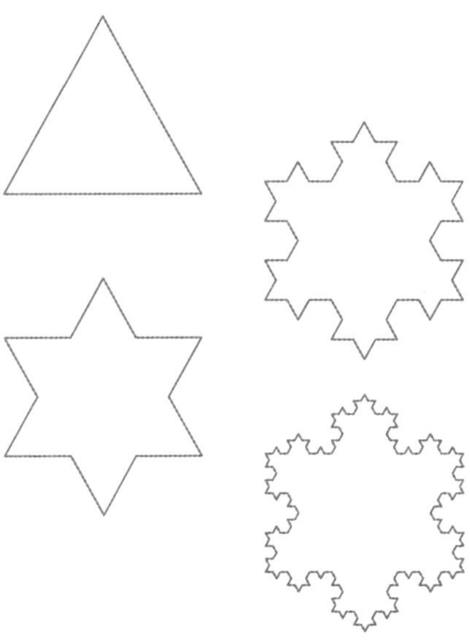

Der schwedische Wissenschaftler Helge von Koch schrieb 1904 einen Artikel über die endliche Oberfläche der Koch-Kurve. Die Berechnung der Oberfläche ist nicht einfach, aber es kann ein Kreis um das Gebilde gezogen werden, anhand dessen die maximale Oberfläche berechnet werden kann. Der Umfang der Koch-Kurve ist faszinierend: er ist unendlich lang und kann nicht gemessen werden. Wenn man versucht, den Umfang durch Heranzoomen mit immer größerer Genauigkeit zu messen, wird sich ergeben, dass sich der Umfang ständig dreht und wendet, so dass er niemals definitiv gemessen werden kann.

Unregelmäßige Küstenlinien

Die Koch-Kurve blieb eine mathematische Kuriosität, bis Benoît Mandelbrot die Aufmerksamkeit auf einen Artikel richtete, der von einem relativ unbekannten Mathematiker stammte, Lewis Richardson. 1961 stellte Richardson die Frage: „Wie lang ist die Küstenlinie Englands?“ Diese Küstenlinie konnte nicht einfach gemessen werden und Richardson wandte für die Berechnung der Länge dieselbe Logik an wie für die Berechnung des

Umfangs der Koch-Kurve. Umso näher die Küstenlinie herangezoomt wird, so dass sie präzise gemessen werden kann, desto länger wird sie. Angenommen, die Länge der Küstenlinie, berechnet anhand eines Satellitenfotos, wird verglichen mit der Länge, die gemessen wurde, indem man die Küste entlangfährt. Diese Länge wird akkurater und länger sein als das Ergebnis anhand des Satellitenfotos. Wenn Sie die Küstenlinie entlang laufen und so die Länge berechnen, wird das noch genauer und länger sein. Im Gegensatz zu der Koch-Kurve gilt für die Küstenlinie, ein Objekt in der realen Welt, dass sie an einem bestimmten Punkt nicht länger wird. Die zugrundeliegende Idee ist allerdings dieselbe.

Keine glatte Oberfläche

Bei der Koch-Kurve wird eine einfache Regel immer wieder angewandt (dieser Prozess wird auch Iteration oder Rekursivität genannt). Dadurch entsteht eine Schneeflocke, die in jedem Maßstab studiert werden kann und die niemals einen glatten Umfang hat. Mandelbrot interessierte sich für viele Objekte in der wirklichen Welt, die diese Eigenschaft haben: die Blätter des Farns, Brokkoli und Blutgefäße. Wenn man diese Objekte heranzoomt, scheinen sie unendlich detailliert zu sein. Was allerdings wichtiger ist, ist, dass diese Objekte nicht glatt sind und das ist das Fundament der euklidischen Geometrie. Mandelbrot prägte das Wort Fraktal, das auf Formen mit dieser Eigenschaft verweist.

Iteration

Die Mandelbrot-Menge ist eins der bekanntesten Fraktale. Genau wie die Koch-Kurve wird die Mandelbrot-Menge durch eine einfache, rekursive, iterative Regel geschaffen. Mandelbrot untersuchte die einfache Formel $x_{n+1} = x_n^2 + c$. Für x wurde ein Anfangswert genommen und für c ein konstanter Wert. Die folgenden Werte können berechnet werden durch x zum Quadrat plus c. Dieser neue Wert wird in die Gleichung eingeführt und der Prozess wird – theoretisch – unendlich wiederholt. So sind, mit $x_0 = 0$ und $c = 1$, die ersten Terme der Iteration: 0, 1, 2, 5, 26, 677, 458, 330….. Diese Zahlenreihe ist ebenfalls theoretisch unendlich.

Mandelbrot entdeckte, dass, wenn komplexe Zahlen für x und c gebraucht werden und wenn x in erster Instanz einen Anfangswert von 0 hat, die Veränderung der Werte von c zwei verschiedene Ergebnisse haben kann. Viele Werte für c resultieren in einer Reihe von Zahlen, so wie hier oben, die in Richtung Unendlichkeit geht. Aber es gibt eine unendliche Anzahl Werte für c, die das nicht tun. Diese Menge wird die Mandelbrot-Menge genannt.

Einfaches Chaos

Fraktale werden oft beschrieben als die Mathematik des Chaos, aber sie sind eigentlich sehr einfach. Sie beruhen auf rekursiven Regeln und sind, obwohl unvorhersehbar, nicht chaotisch.

Übung 28

Pop-Up

DIE AUFGABE:

Melanie sieht schöne Postkarten auf einer Hobbymesse und möchte gern selbst einige machen. Sie interessiert sich für Mathematik und will das mit ihren Karten zeigen.

DIE METHODE:

Es gibt eine einfache Technik, eine Pop-up-Karte mit einem Fraktal zu machen. Die Schönheit des Endresultats verbirgt die Einfachheit seiner Konstruktion, so wie die komplizierten und prächtigen Fraktale in der echten Welt das Resultat von einfachen Regeln sind.

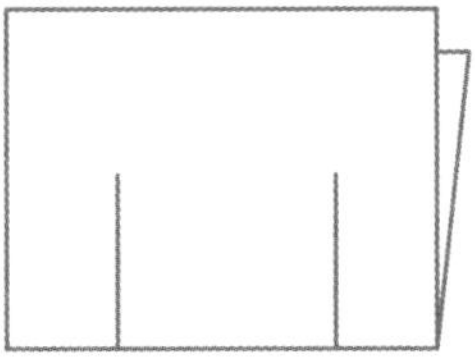

Nehmen Sie ein einfaches Stück Papier und falten es in der Mitte.

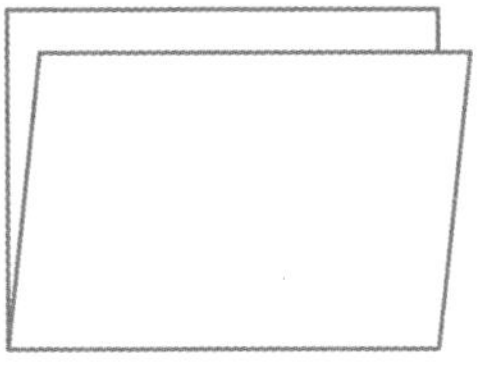

Schneiden Sie das gefaltete Papier von der gefalteten Seite nach oben zweimal ein. Die Einschnitte sollten etwa ein Viertel der Länge des Blattes vom Rand entfernt sein und von der Faltung bis zur Mitte des Papiers laufen. Es ist nicht notwendig, dies exakt auszumessen.

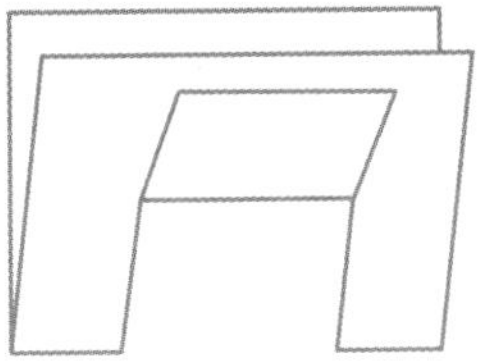

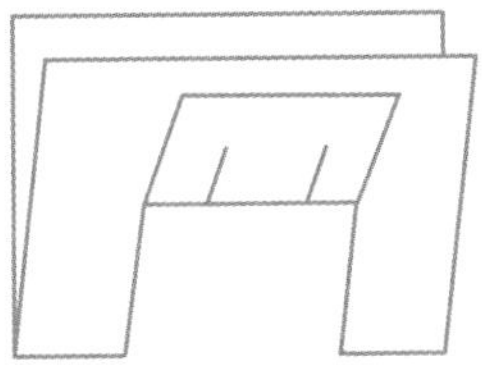

Machen Sie mit dem eingeschnittenen Mittelstück dasselbe wie mit dem Originalpapier: schneiden Sie es zweimal auf die gleiche Art ein.

Falten Sie diesen Teil nach innen und wiederholen Sie die oben genannten Schritte so oft, wie es möglich ist. Abhängig von der Größe und der Dicke des Papiers können Sie dies vier oder fünf Mal tun.

Falten Sie die Karte jetzt vorsichtig wieder auseinander. Das Fraktal kann kreiert werden, indem man die Falten umdreht, so dass sie sich an der Innenseite der originalen Faltung befinden. So schaffen Sie eine Art Treppenstufen, die immer kleiner werden und sich aufeinander befinden.

Kleben Sie das Ganze auf ein anderes Blatt Papier oder Stück Karton derselben Größe und falten Sie das Papier, so dass sie eine Karte erhalten. Wenn die Karte richtig geöffnet wird, werden etliche Rechtecke enthüllt, die aufeinandergestapelt sind und mit jeder Wiederholung kleiner werden.

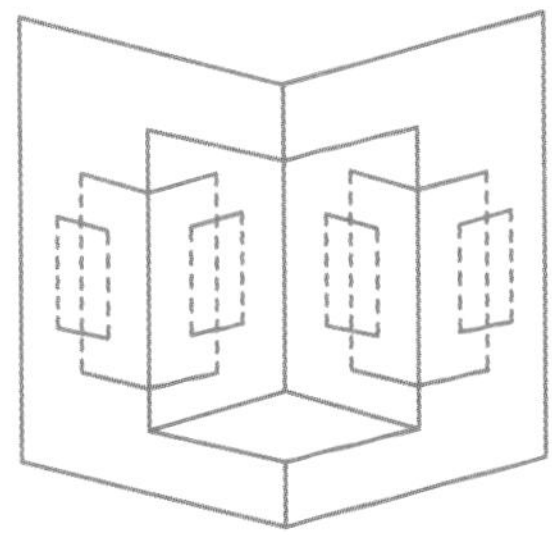

DIE LÖSUNG:

Durch ständige Wiederholung des Schneidens und Faltens wird ein Fraktal geschaffen. Die Karte ist selbstähnlich, die wichtigste Eigenschaft eines Fraktals: jeder Teil der Pop-up-Karte spiegelt das Ganze. Die an Mathematik interessierte Melanie kann eine Anzahl interessanter Beziehungen zwischen den verschiedenen Elementen des Fraktals entdecken.

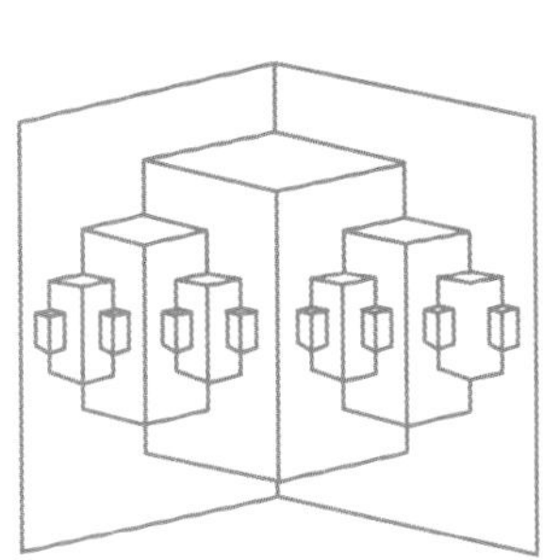

Übung 29

Das Chaosspiel

DIE AUFGABE:

Der kleine Peter spielt mit einem Würfel und macht so ein willkürliches Muster. Er beginnt mit der Schaffung der Winkel eines gleichseitigen Dreiecks und markiert dann willkürlich den vierten Punkt in der Mitte des Dreiecks.

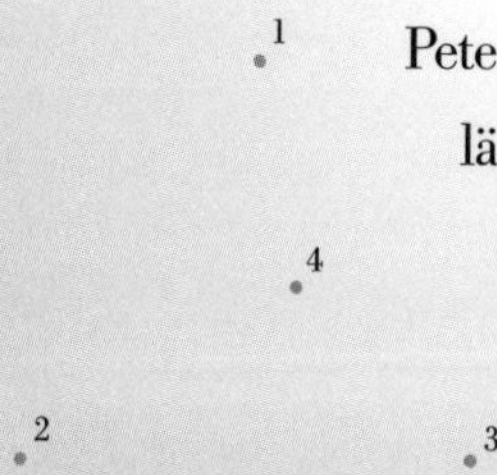

Peter markiert noch mehr Punkte und lässt sich dabei von dem Würfel leiten. Entsteht auf diese Weise eine willkürliche Verbreitung der Punkte?

DIE METHODE:

Die Regeln, denen Sie folgen müssen, sind einfach. Markieren Sie erst die drei Winkel des gleichseitigen Dreiecks und werfen Sie dann den Würfel.

Punkt 4 ist der Anfangspunkt. Wenn das Ergebnis auf dem Würfel 1 oder 2 ist, muss der folgende Punkt (5) in der Mitte von Punkt 4 und 1 markiert werden.

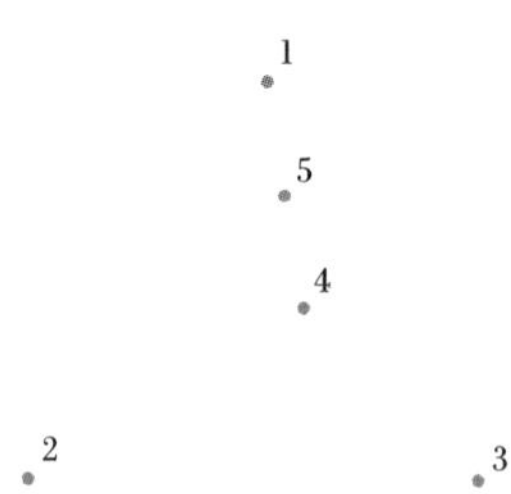

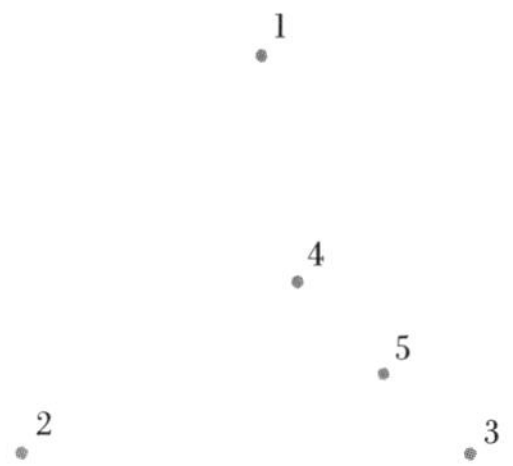

Wenn das Ergebnis auf dem Würfel allerdings 3 oder 4 ist, dann wird Punkt 5 in der Mitte zwischen 4 und 2 markiert. Bei einem Ergebnis von 5 oder 6 auf dem Würfel muss Punkt 5 zwischen 4 und 3 markiert werden.

Punkt 5 wird dann der Anfangspunkt. Werfen Sie den Würfel und markieren Sie Punkt 6 auf halbem Weg zwischen Punkt 5 und 1, 2 oder 3, abhängig vom Ergebnis auf dem Würfel usw. Auf diese Weise entsteht nicht etwa eine willkürliche Ansammlung von Punkten in dem Dreieck, sondern es entsteht ein Muster.

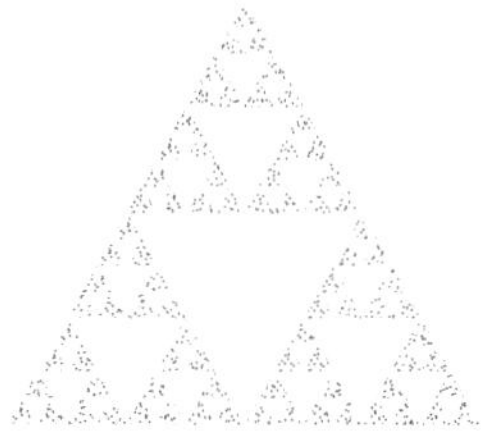

Wenn Sie damit weitermachen, entsteht ein charakteristisches und bekanntes Fraktal, das Sierpinski-Dreieck.

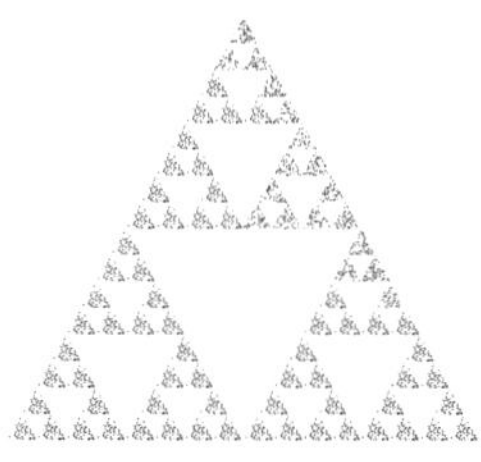

SIERPINSKI-DREIECK

Waclaw Sierpinski (1882-1969) war ein polnischer Mathematiker, der einen bemerkenswerten Beitrag zur Mengenlehre leistete. 1915 beschrieb er das Fraktal, das wir heute als Sierpinski-Dreieck kennen. Es ist ein einfaches Fraktal, das einfach konstruiert werden kann. Dieses Fraktal ist rekursiv und kann eine unendliche Anzahl von Dreiecken enthalten. Es beginnt als ein gleichseitiges Dreieck und bei jeder Iteration werden neue Dreiecke in der Mitte des ursprünglichen Dreiecks gebildet.

DIE LÖSUNG:

Das Spiel von Michael Barnsley wurde in den achtziger Jahren des 20. Jahrhunderts entwickelt. Es zeigt, wie willkürliche und unvorhersehbare Geschehnisse, wie das Werfen eines Würfels, ein Fraktal entstehen lassen können. Verschiedene Anfangspunkte können für verschiedene Fraktale sorgen. Die Fraktale, die in der realen Welt vorkommen, beruhen ebenso auf einfachen iterativen Regeln.

Benoît Mandelbrot

Mandelbrot ist für das heutige Interesse an Fraktalen verantwortlich. Er zeigte, wie Fraktale in der mathematischen und der echten Welt vorkommen. Die Mandelbrot-Menge wurde nach ihm benannt. Er hat einen wichtigen Beitrag zur Chaostheorie und ihrer Anwendungen in Wissenschaft und Mathematik geliefert.

Das Leben Mandelbrots

Benoît Mandelbrot wurde 1924 in Warschau als Sohn einer jüdischen Familie, die aus Litauen stammte, geboren. 1936 floh die Familie von Polen nach Frankreich. Seine Mutter war Ärztin und sein Vater Gelehrter, der aber als Schneider arbeitete. Mandelbrots Ausbildung wurde durch den Zweiten Weltkrieg unterbrochen. Er selbst schrieb seine Fähigkeit, lateral zu denken, seiner unkonventionellen Ausbildung zu. Er behauptete, dass er in der Schule niemals das Alphabet gelernt habe und dass er niemals weitergekommen war als bis zum Einmaleins von 5.

Mandelbrot setzte sein Studium in Paris fort und besuchte die École polytechnique. Von 1947-1948 studierte er Luftfahrttechnik am California Institute ofTechnology und kehrte danach nach Paris zurück, um in Mathematik zu promovieren. Von 1949-1958 arbeitete er am Centre Nationale de la Recherche Scientifique in Paris. 1955 heiratete er und zog zunächst nach Genf und 1958 in die USA, wo er beim IBM Thomas J. Watson Research Center in New York tätig war. Mandelbrot blieb 32 Jahre lang in dieser intellektuell stimulierenden Umgebung und wurde IBM Fellow. Auch wurde er als Gastdozent der Mathematik und Wirtschaft in Harvard angestellt. Später wurde er Sterling-Professor der Mathematik an der Universität von Yale. Mandelbrot hat viele Preise bekommen, dazu zählt der Légion d'honneur. Auch wurde ein Asteroid, der 27500 Mandelbrot, nach ihm benannt.

Wichtige Arbeiten

Mandelbrot studierte viele Themen, die manchmal nichts miteinander zu tun zu haben schienen, wie die Geräusche in Telefonkabeln und Linguistik. Schnell sah er ein, dass all diese Themen mit Fraktalen zusammenhingen. Auch studierte er die Frage des Messens von Küstenlinien. Er behauptete, dass ihre Länge davon abhängt, wie sie gemessen werden. Vom Raum aus schienen sie eine Linie oder ein Punkt zu sein, aber wenn nahe herangezoomt wird, sind mehr und mehr Einbuchtungen zu sehen. Mandelbrot erfand das Wort Fraktal

um das Heranzoomen an natürliche Unregelmäßigkeiten zu beschreiben. Er schrieb über seine Entdeckung: „Wolken sind nicht kugelförmig, Berge nicht kegelförmig, Küstenlinien sind keine Kreise und Rinde ist nicht glatt, doch reist das Licht in einer geraden Linie." Er setzte seine Untersuchung von Unregelmäßigkeiten in der Natur mit Computergrafiken fort, wodurch er in der Lage war, die Mandelbrot-Menge zu entwickeln.

• Ein vom Computer generierter Vorschlag eines Fraktals zeigt unendlich viele wunderschöne Details.

Das Studium der Fraktale hat Wissenschaftler stimuliert, die Porosität von Felsen, die Stabilität von Stahl, das Wachstum der Lungen, die Ausmaße von Naturkatastrophen u.s.w. zu untersuchen. Fraktale haben Künstler inspiriert und kommen in der afrikanischen Kunst und Architektur, in der digitalen Kunst und in Animationen vor. Auch Komponisten wie Györgi Ligeti und Arvo Pärt machen in ihrer Musik Gebrauch von Fraktalen.

„Eine Wolke besteht aus Wellen auf Wellen auf Wellen, die zusammen Wolken ähneln. Wenn man dichter herankommt, sieht man, dass eine Wolke nicht glatt ist, sondern Unregelmäßigkeiten zeigt." ***Benoît Mandelbrot***

RAUMFÜLLENDE KURVEN

Wir begannen dieses Buch (siehe S. 14) mit Euklid, nach dem Punkte und Linien keine Breite haben. Eine gezeichnete Gerade hat natürlich eine Breite, aber eine mathematische Linie (die nur in der Theorie besteht) hat das nicht. Mathematische, gedachte Linien können also niemals einen wirklichen Raum füllen: die Summe einer Anzahl Nullen ist immer Null. Der italienische Mathematiker Giuseppe Peano schockte die mathematische Welt, indem er das Gegenteil bewies.

Raumfüllende Kurven

Raumfüllende Kurven, die von Peano entworfen wurden, genau wie Fraktale, beruhen auf einfachen iterativen Regeln. Er entwarf ein einfaches Motiv mit Quadraten und S-Kurven, wodurch er in der Lage war zu beweisen, dass die Kurven letztendlich den Raum vollständig füllen würde. Es ist selbstverständlich unmöglich, dies zu zeigen, da das Quadrat in dem Moment vollständig schwarz ausgefüllt ist. Wir können allerdings die ersten Iterationen zeigen.

• Die Peano-Kurve füllt letztendlich den ganzen Raum.

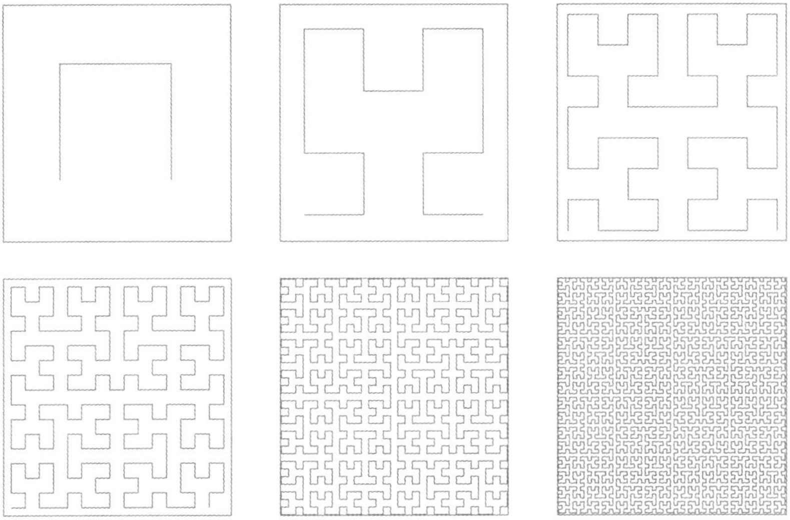

• Die ersten acht Schritte für die Konstruktion der Hilbert-Kurve.

Bahnbrechend

Ein Jahr nach Peanos Entdeckung schuf der deutsche Mathematiker David Hilbert eine ähnliche Kurve. Für Mathematiker war es ein großer Schock, dass die mathematische Idee von der Linie als etwas, das keine Breite hat, verworfen wurde. Der englische Astronom David Darling beschrieb diese Entdeckung als ein Erdbeben. Dass diese Kurven sogar gebraucht werden konnten, um drei Dimensionen zu füllen, machte die Sache noch schlimmer. Mathematiker wurden hierdurch gezwungen, erneut darüber nachzudenken, was eigentlich mit Dimensionen gemeint ist. Es ist jetzt allgemein akzeptiert, dass Objekte nicht entweder ein-, zwei- oder dreidimensional sind.

Fraktale Dimensionen mit weniger als einer Dimension sind möglich. Und Objekte wie die Koch-Kurve (siehe S. 166) haben eine Dimension von 1,26. Diese Art Dimensionen ist benannt nach dem Mathematiker Felix Hausdorff und wird gebraucht, um Fraktale zu messen. Die topologische Dimension von Küstenlinien (wenn wir sie behandeln, als ob sie die Form einer glatten Kurve hätten) ist eine solche Dimension. Wenn wir die raumfüllenden Linien betrachten, bekommen sie eine Dimension, die mehr ist als eins, aber weniger als zwei. Die Westküste von England hat zum Beispiel eine Hausdorff-Dimension von 1,25. Fraktale Dimensionen sind weit davon entfernt esoterisch zu sein und finden ihre Anwendung in Biologie und Geologie.

REGISTER